职业教育大数据技术专业系列教材

数据仓库技术及应用

主　编　刘　学　杜　恒
副主编　郭建磊　任越美　刘潇潇　李　垒
参　编　杨纪争　吴　勇　唐美霞　时允田　赵科笼

机械工业出版社

本书详细介绍了数据仓库的基本概念和Hive数据仓库的架构原理,并采用"项目驱动+理论介绍+微实例+实际代码+运行效果"的模式介绍项目案例。全书包括岗前培训和8个项目,主要内容包括数据仓库环境部署、基于DDL的学员信息系统操作、基于DML的学员信息系统操作、企业信息管理数据查询与操作、网上商城购物数据统计和优化、基于函数实现微博和门户日志数据统计、基于Hive的Java API操作影视数据以及电商数据分析综合案例。

本书可以作为各类职业院校大数据技术专业及相关专业的教材,也可以作为大数据培训班的教材,还可以作为从事大数据技术相关工作的专业人员和广大大数据爱好者的自学参考书。

本书配有电子课件、源代码等教学资源,教师可登录机械工业出版社教育服务网(www.cmpedu.com)注册后免费下载或联系编辑(010-88379194)咨询。本书还配有微课视频,读者可扫描二维码进行学习。

图书在版编目(CIP)数据

数据仓库技术及应用/刘学,杜恒主编. —北京:机械工业出版社,2022.4(2024.2重印)

职业教育大数据技术专业系列教材

ISBN 978-7-111-70276-4

Ⅰ. ①数… Ⅱ. ①刘… ②杜… Ⅲ. ①数据库系统—高等职业教育—教材 Ⅳ. ①TP311.13

中国版本图书馆CIP数据核字(2022)第036609号

机械工业出版社(北京市百万庄大街22号 邮政编码100037)
策划编辑:李绍坤　　　　　责任编辑:李绍坤　张翠翠
责任校对:史静怡　张　薇　封面设计:鞠　杨
责任印制:单爱军
北京虎彩文化传播有限公司印刷
2024年2月第1版第3次印刷
184mm×260mm·13印张·267千字
标准书号:ISBN 978-7-111-70276-4
定价:45.00元

电话服务　　　　　　　　　　网络服务
客服电话:010-88361066　　　机　工　官　网:www.cmpbook.com
　　　　　010-88379833　　　机　工　官　博:weibo.com/cmp1952
　　　　　010-68326294　　　金　书　网:www.golden-book.com
封底无防伪标均为盗版　　　　机工教育服务网:www.cmpedu.com

前言 PREFACE

数据仓库是大数据技术相关专业中十分重要的一门课程，提供了进行数据收集、数据存储和数据分析等必要策略。随着信息时代到数据时代的发展，数据仓库领域变得越来越重要，数据仓库技术也得到快速的发展，各类数据仓库工具也应运而生，特别是 Hive 的出现，让大家看到数据管理的便利性。

应该说 Hive 从一推出就得到大家的推崇，最初是由 Facebook 公司开发的数据仓库工具。简单、易于上手是 Hive 的特点。Hive 是深入学习 Hadoop 技术的一个很好的切入点，是解决 MapReduce 复杂化的利器。本书由多所职业院校的老师和企业专家共同编写，具体内容包括岗前培训、数据仓库环境部署、基于 DDL 的学员信息系统操作、基于 DML 的学员信息系统操作、企业信息管理数据查询与操作、网上商城购物数据统计和优化、基于函数实现微博和门户日志数据统计、基于 Hive 的 Java API 操作影视数据、电商数据分析综合案例。本书旨在为读者打牢基础，从而踏上专业的数据存储之旅。

为了使尽可能多的读者通过本书对数据仓库有所了解，本书没有过多地从理论角度来介绍数据仓库的原理机制。编者试图尽可能多地使用示例讲解相关知识点，主要通过"项目驱动＋理论介绍＋微实例＋实际代码＋运行效果"的形式来介绍每一个项目。本书的最大特点就是可以边学边用，非常适合初步迈入数据仓库领域的人员学习。

本书由岗前培训和 8 个项目组成，在内容上尽可能涵盖数据仓库基础知识的各个方面，但作为数据仓库入门读物且由于受到授课时间的限制，很多重要的、前沿的内容未能覆盖，即使覆盖的部分也仅是管中窥豹。书中的每个项目都给出了相应的习题，有的习题用于帮助读者巩固本项目的内容，有的是为了引导读者扩展相关知识。

本书由刘学和杜恒担任主编，郭建磊、任越美、刘潇潇、李垒担任副主编，参加编写的还有杨纪争、吴勇、唐美霞、时允田和赵科笼。其中，刘学编写了项目 5 和项目 7，杜恒编写了项目 6，郭建磊编写了项目 1 和项目 2，任越美、唐美霞编写了岗前培训，刘潇潇编写了项目 4，李垒和杨纪争编写了项目 3，时允田、赵科笼和吴勇编写了项目 8。北京西普阳光教育科技股份有限公司在本书的编写过程中提供了大量的技术支持和案例。同时，本书在编写过程中得到了山东电子职业技术学院、河南工业职业技术学院的支持与帮助，在此表示衷心的感谢。

计算机技术发展极其迅速，新技术和新平台层出不穷。编者能力有限，书中疏漏和不足之处在所难免，希望读者不吝告知，将不胜感激。

编　者

二维码索引

序号	视频名称	图形	页码	序号	视频名称	图形	页码
1	1-Hive 原理与体系架构		8	5	5-HiveQL 操作：向表中装载数据		57
2	2-Hive 安装部署 1		19	6	6-Hive 内部表和外部表的操作		63
3	3-Hive 安装部署 2		19	7	7-Hive 的分区表、桶表的创建和操作		73
4	4-HiveQL 操作：创建数据库、表和视图		44	8	8-Hive 应用实例：HiveQL 实现单词计数 WordCount 功能		103

CONTENTS 目录

前言
二维码索引

岗前培训 1

一、认识数据仓库 3
二、Hive的应用 6
岗前培训小结 14
课后练习 15

项目1 数据仓库环境部署 17

任务1 Hive本地模式部署 19
任务2 Hive远程模式部署 28
项目小结 34
课后练习 34

项目2 基于DDL的学员信息系统操作 37

任务1 学员信息数据仓库操作 39
任务2 学员数据模型创建与操作 44
项目小结 52
课后练习 52

项目3 基于DML的学员信息系统操作 55

任务1 学员数据装载 57
任务2 学员手机信息数据的插入 63
任务3 学员信息数据的更新和删除 67
项目小结 70
课后练习 70

项目4 企业信息管理数据查询与操作 71

任务1 查询员工基本信息 73
任务2 多表连接查询员工信息 78
任务3 基于聚合函数的员工信息查询 80
任务4 基于分组的员工信息查询 82

CONTENTS

项目小结 84
课后练习 84

项目5　网上商城购物数据统计和优化 85

任务1　视图实现统计30万条网购数据 87
任务2　网购数据索引前后的效率对比 93
项目小结 99
课后练习 99

项目6　基于函数实现微博和门户日志数据统计 101

任务1　基于微博数据进行业务统计 103
任务2　门户日志数据预处理 120
项目小结 135
课后练习 135

项目7　基于Hive的Java API操作影视数据 137

任务　应用Java API操作和维护影视数据 139
项目小结 156
课后练习 156

项目8　电商数据分析综合案例 159

任务　电商数据多维度分析及可视化 161
项目小结 198
课后练习 198

参考文献 200

岗前培训

本部分内容讲解 Hive 的基础知识，以及 Hive 与 HDFS、HBase 的对比，详细介绍 Hive 的原理与体系架构，分析 Hive 与传统数据库的区别，总结 Hive 的特点。

知识目标：

- 理解 HBase 的基本概念。
- 了解 Hive 与 HDFS、HBase 的关联。
- 理解 Hive 的工作原理。
- 掌握 Hive 的体系架构。
- 理解 Hive 与传统数据库的差异。
- 能够使用不同的方式启动 Hive。

一、认识数据仓库

Hive 是建立在 Hadoop 之上的数据仓库，依赖于 HDFS 存储数据。读者应了解数据仓库的概念以及 HBase 和 HDFS 的相关知识，同时，还要熟知三者的区别与联系，才能在具体的应用场景中更好地使用 Hive。

1．数据仓库的概念

数据仓库(Data Warehouse)是一个面向主题的(Subject Oriented)、集成的(Integrated)、相对稳定的（Non-Volatile）、反映历史变化（Time Variant）的数据集合，用于支持管理决策。

数据仓库的体系结构通常包含四个层次：数据源、数据存储和管理、数据服务、数据应用。

数据源：是数据仓库的数据来源，含外部数据、现有业务系统和文档资料等。

数据存储和管理：主要完成数据的抽取、清洗、转换和加载任务。数据源中的数据采用 ETL（Extract Transform Load）工具以固定的周期加载到数据仓库中进行存储和管理。此层次主要包含数据仓库、数据集市、运行与维护工具和元数据等。

数据服务：为前端和应用提供数据服务，可直接从数据仓库中获取数据供前端应用使用，也可通过 OLAP（OnLine Analytical Processing，联机分析处理）服务器为前端应用提供负责的数据服务。

数据应用：此层次直接面向用户，含数据查询工具、自由报表工具、数据分析工具、数据挖掘工具和各类应用系统。数据仓库的体系架构如图 0-1 所示。

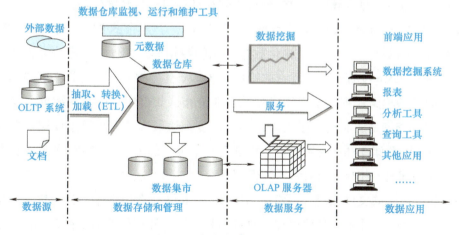

图 0-1　数据仓库的体系架构

传统数据仓库基于关系型数据库，横向扩展性较差，纵向扩展有限，往往无法满足快速增长的海量数据存储需求。随着企业业务发展，数据源的格式越来越丰富，传统数据仓库只能存储结构化数据，无法处理不同类型的数据。

传统数据仓库建立在关系型数据仓库之上，计算和处理能力不足，当数据量达到 TB 级后基本无法获得好的性能。

2．Hadoop 基础

Hadoop 是 Apache 基金会下的一个开源分布式计算平台，以 Hadoop 分布式文件系统（Hadoop Distributed File System，HDFS）和 MapReduce 分布式计算框架为核心，为用户提供了底层细节透明的分布式基础设施。Hadoop 生态系统就是为了处理大数据集而产生的一个解决方案。Hadoop 实现了一个特殊的计算模型，也就是 MapReduce，其可以将计算任务分成多个处理单元，然后分散到一群家用或者服务器级别的机器上，从而降低成本并提高可伸缩性。这个计算模型下面是 Hadoop 分布式文件系统（HDFS）。

HDFS 是 Hadoop 体系中数据存储管理的基础。它是一个高度容错的系统，能检测和应对硬件故障，用于在低成本的通用硬件上运行。HDFS 简化了文件的一致性模型，通过流式数据访问提供高吞吐量应用程序数据访问功能，适合具有大型数据集的应用程序。HDFS 的高容错性、高伸缩性等优点，允许用户将 Hadoop 部署在廉价的硬件上，构建分布式系统。

MapReduce 是一种计算模型，该分布式计算框架允许用户在不了解分布式系统底层细节的情况下开发并行、分布的应用程序，充分利用大规模的计算资源解决传统高性能单机无法解决的大数据处理问题。Hadoop 的 MapReduce 实现和 Common、HDFS 一起构成了 Hadoop 发展初期的三个组件。MapReduce 将应用划分为 Map 和 Reduce 两个步骤，其中 Map 对数据集上的独立元素进行指定的操作，生成键值对形式的中间结果。Reduce 则对中间结果中具有相同"键"的所有"值"进行规约，以得到最终结果。MapReduce 这样的功能划分，非常适合在大量计算机组成的分布式并行环境里进行数据处理。

HBase（Hadoop Database）即 Hadoop 数据库是一个分布式的、可伸缩的数据存储（但不支持多行事务），适合非结构化数据存储的数据库。HBase 的设计灵感来自谷歌的 BigTable，但是 HBase 没有全部实现它的特性。HBase 支持的一个重要特性就是基于列，而不是基于行的存储模式，列可以组织成列族。在分布式集群中，列族在物理上是存储在一起的。这样使得查询是所有列的子集时，读写速度会快很多（因为只用读取需要的列）。HBase 可以像键值存储一样被使用，每一行都用一个唯一键来提供非常快的速度读写这一行的列或者列族。同时，HBase 会对每个列保留多个版本的值以供回滚。

HBase 使用分布式文件系统（通常是 HDFS）来持久化存储数据。为了优化数据的更新和查询性能，HBase 也使用内存缓存技术对数据和本地文件进行追加以更新操作日志。通过日志定期更新持久化文件。

3．Hive 介绍

Hive 是建立在 Hadoop 之上的数据仓库，可对存储在 HDFS 上的文件中的数据集进行整理、特殊查询和分析处理。Hive 最初是为了满足 Facebook 对每天产生的海量网络数据进行管理和机器学习的需求而产生和发展的。Hive 在某种程度上可以看成是用户编程接口，本身并不存储和处理数据，依赖 HDFS 存储数据，依赖 MapReduce 处理数据。Hive 定义了一种类似 SQL 的查询语言，被称为 HiveQL。这个语言允许熟悉 MapReduce 的开发者开发自定义的 mappers 和 reducers 来处理内建的 mappers 和 reducers 无法完成的复杂的分析工作。

前面已经介绍了 Hive、HDFS 和 HBase 的基本概念，接下来对比分析三者的区别与联系。Hive、HDFS 和 HBase 是 Hadoop 生态系统的一部分，下面先简单介绍 Hadoop 生态系统。

经过几年的快速发展，Hadoop 现在已经成为包含多个相关项目的软件生态系统。狭义的 Hadoop 核心只包括 Hadoop Common、Hadoop HDFS 和 Hadoop MapReduce 三个子项目，但和 Hadoop 核心密切相关的，还包括 Avro、ZooKeeper、Hive、Pig 和 HBase 等项目，构建在这些项目之上的面向具体领域及应用的 Mahout、X-Rime、Crossbow 和 Ivory 等项目，以及 Chukwa、Flume、Sqoop、Oozie 和 Karmasphere 等数据交换、工作流和开发环境这样的外围支撑系统。它们提供了互补性的服务，共同组成了一个海量数据处理的软件生态系统。Hadoop 生态系统如图 0-2 所示。

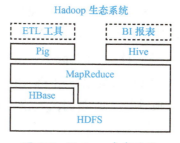

图 0-2 Hadoop 生态系统

从 Hadoop 生态系统可以看到三者之间的联系：Hive 和 HBase 是协作关系，它们的数据一般存储在 HDFS 上。Hadoop HDFS 为 Hive 和 HBase 提供了高可靠性的底层存储支持。Hive 还为 HBase 提供了高层语言支持，使得在 HBase 上进行数据统计处理变得非常简单。

Hive 可以直接操作 HDFS 中的文件来作为它的表中数据，也可以将 HBase 数据库作为它的表。Hive 和 HBase 的数据流描述如图 0-3 所示。数据源经过 ETL 工具被抽取到 HDFS 存储；再由 Hive 对原始数据进行清洗、处理和计算；Hive 清洗、处理和计算后的结果，如果是面向海量数据随机查询场景的可存入 HBase，进而展开具体的数据应用。

图 0-3 Hive 和 HBase 的数据流描述

那么，Hive 与 HBase 有什么区别？

1）Hive 中的表是纯逻辑表。Hive 本身不存储数据，它完全依赖 HDFS 和 MapReduce。这样就可以将结构化的数据文件映射为一张数据库表，提供完整的 SQL 查询功能，并将

SQL 语句最终转换为 MapReduce 任务运行。而 HBase 表是物理表，适合存放非结构化的数据。

2）Hive 基于 MapReduce 来处理数据，而 MapReduce 处理数据则基于行的模式；HBase 处理数据基于列，而不基于行的模式，适合海量数据的随机访问。

3）HBase 的表是疏松存储的，因此用户可以给行定义各种不同的列；而 Hive 表是稠密型的，每一行都有存储固定列数的数据。

4）Hive 使用 Hadoop 来分析及处理数据，Hadoop 系统是批处理系统，因此不能保证处理的低迟延问题；而 HBase 是近实时系统，支持实时查询。

5）Hive 不提供行级别的更新，它适用于大量 append-only 数据集（如日志）的批任务处理。而基于 HBase 的查询支持行级别的更新。

6）Hive 提供完整的 SQL 实现，通常被用来做一些基于历史数据的挖掘、分析。而 HBase 是一个 NoSQL，不适用于有 join、多级索引、表关系复杂的应用场景。

Hive 依赖 HDFS 存储数据，依赖 MapReduce 处理数据。HBase 可以提供数据的实时访问。Hive 和 HBase 是两种基于 Hadoop 的不同技术：Hive 是一种类 SQL 的引擎，并且运行 MapReduce 任务；HBase 是一种在 Hadoop 之上的 NoSQL 的列族数据库。这两种工具也可以同时使用。就像用 Google 来搜索，用 Facebook 进行社交一样，Hive 可以用来进行统计查询，HBase 可以用来进行实时查询，数据也可以从 Hive 写到 HBase，再从 HBase 写回 Hive。

Hive 查询操作过程严格遵守 Hadoop MapReduce 的作业执行模型，Hive 将用户的 HiveQL 语句通过解释器转换为 MapReduce 作业提交到 Hadoop 集群上，Hadoop 监控作业执行过程，然后返回作业执行结果给用户。Hive 并非为联机事务处理而设计的，Hive 并不提供实时的查询和基于行级的数据更新操作。Hive 的最佳使用场合是大数据集的批处理作业，例如：

1）网络日志分析：大部分互联网公司使用 Hive 进行日志分析，包括百度、淘宝等。

① 统计网站一个时间段内的 PV（Page View）、UV（Unique Visitor）。

② 多维度数据分析。

2）海量结构化数据离线分析。

二、Hive 的应用

HiveQL 是 Hive Query Language 的缩写，是 Hive 的查询语言。读者需要先学习并掌握 HiveQL 的使用，能够了解 HiveQL 和传统数据库的关系，理解 Hive 的原理及体系架构，并对 Hive 架构中的相关组件进行深入分析，才能为后续 Hive 的安装部署与应用奠定基础。

1．HiveQL 介绍

HiveQL 是一种类似 SQL 的语言，它与大部分的 SQL 语法兼容，但是并不完全支持 SQL 标准，如 HiveQL 早期版本不支持更新操作，也不支持索引和事务，它的子查询和 join 操作也有局限性，这是由其底层依赖于 Hadoop 分布式平台这一特性决定的。但 HiveQL 的有些特点却是 SQL 无法企及的，如多表查询、支持查询建表和集成 MapReduce 脚本等。

Hive 将通过 CLI 接入、JDBC/ODBC 接入，或者 HWI 接入的相关查询，通过 Driver（Complier、Optimizer 和 Executor）进行编译、分析、优化，最后变成可执行的 MapReduce。MapReduce 开发人员可以把自己写的 Mapper 和 Reducer 作为插件来支持 Hive 做更复杂的数据分析。

Hive 的体系架构可以分为四个部分，如图 0-4 所示。

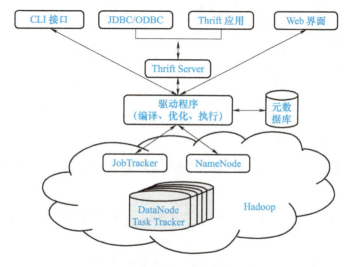

图 0-4　Hive 体系架构

（1）用户接口

Hive 的用户接口主要有三个：命令行接口（CLI）、Web 界面（WUI）和远程服务接口（Client）。其中最常用的是 CLI，以命令行的形式输入 SQL 语句进行数据操作，CLI 启动时会同时启动一个 Hive 副本。WUI 通过浏览器方式访问 Hive。Client 是 Hive 的客户端，用户连接至 Hive Server 后通过 JDBC 等方式进行访问。在启动 Client 的时候，需要指出 Hive Server 所在节点，并且在该节点启动 Hive Server。

（2）元数据存储

Hive 将元数据存储在数据库中，如 MySQL、Derby。Hive 中的元数据包括表的名称、表的列、表的分区、表的属性（是否为外部表等）以及表的数据所在目录等。

（3）解释器、编译器、优化器

Hive 的驱动模块包含了解释器、编译器和优化器三部分。解释器完成 HiveQL 的词法分析和语法分析，编译器负责编译，优化器负责优化以及查询计划的生成。生成的查询计划存储在 HDFS 中，并在随后通过 MapReduce 调用执行。

（4）数据存储

Hive 的数据存储在 HDFS 中，大部分的查询、计算由 MapReduce 完成（包含 * 的查询，比如 select * from tbl，不会生成 MapReduce 任务）。

1-Hive 原理与体系架构

2．Hive 的工作原理

Hive 的工作原理如图 0-5 所示。

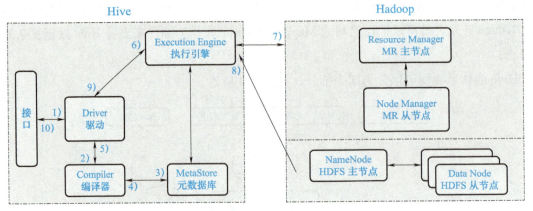

图 0-5　Hive 的工作原理

Hive 的整体工作流程如下：

1）执行查询。Hive 接口，如命令行或 WUI 发送查询驱动程序（任何数据库驱动程序，如 JDBC、ODBC 等）来执行。

2）获取计划。在驱动程序帮助下查询编译器，分析查询检查语法和查询计划或查询的要求。

3）获取元数据。编译器发送元数据请求到 MetaStore（元数据库）。

4）发送元数据。MetaStore 将元数据作为对编译器的响应发送出去。

5）发送计划。编译器检查要求，并重新发送计划给驱动程序。到此为止，查询解析和编译完成。

6）执行计划。驱动程序发送的执行计划到达执行引擎。

7）执行作业。在内部，执行作业的过程是一个 MapReduce 工作过程。执行引擎发送作业给主节点，主节点分配作业给从节点，从节点也就是数据节点。在数据节点上执行 MapReduce 工作。与此同时，执行引擎可以通过 MetaStore 执行元数据操作。

8）获得结果。执行引擎接收来自数据节点的结果。

9）发送结果给驱动程序。执行引擎发送这些结果值给驱动程序。

10）驱动程序将结果发送给 Hive 接口。

3．Hive 的服务模式和元数据

（1）Hive 的服务模式

Hive 对外提供了三种服务模式，即 Hive 命令行模式、Hive Web 模式和 Hive 的远程服务模式。下面对这些服务模式的用法进行介绍。

1）Hive 命令行模式。

以这种模式访问和操作 Hive，速度快且比较灵活，它允许方便地剪切和粘贴代码，执行 HQL 文件，且不容易出错。

Hive 命令行模式启动有以下两种方式。执行该模式的前提是配置 Hive 的环境变量。

① 进入 /home/hadoop/app/hive 目录，执行如下命令。

./hive

② 直接执行命令。

hive - -service cli

Hive 命令行模式用于 Linux 平台命令行查询，查询语句基本与 MySQL 查询语句类似，运行结果如图 0-6 所示。

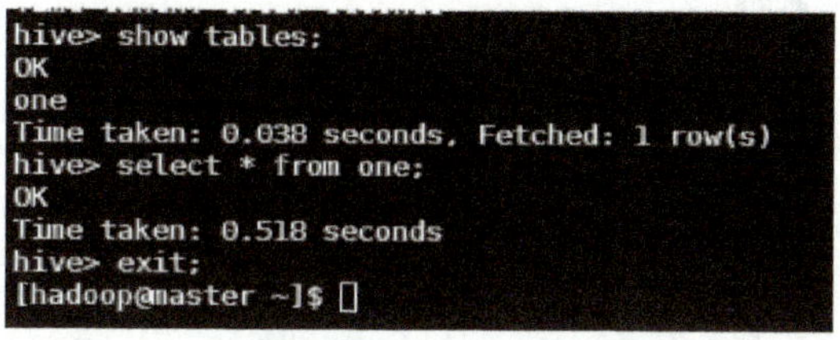

图 0-6　Hive 命令行模式查询

2）Hive Web 模式。

Hive Web 模式是基于 Web 界面的，主要用于查看当前 Hive Server 2 服务链接的会话、服务日志、配置参数等信息，这里以 Hive 2.3.2 版本的 WUI 配置为例介绍。

由于 Hive 2.3.2 的版本自身已经集成了 Hive Server 2 的 WUI 服务，因此只需要在 hive-site.xml 中配置然后重启服务即可使用。

使用 vi /home/hive/hive-2.3.2/conf/hive-site.xml，然后写入下面的配置内容：

```
<property>
    <name>hive.server2.webui.host</name>
    <value>master</value>
</property>
<property>
    <name>hive.server2.webui.port</name>
    <value>9999</value>
</property>
<property>
    <name>hive.scratch.dir.permission</name>
    <value>755</value>
</property>
```

配置完成后，通过浏览器访问 Hive，默认端口为 9999，运行结果如图 0-7 所示。

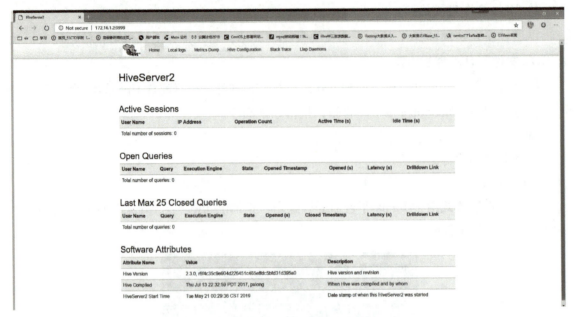

图 0-7　Hive Web 模式的运行结果

3）Hive 的远程服务模式。

远程服务（默认端口号 10000）模式的启动命令如下：

nohup hive --service hiveserver2 &// 在 Hive 0.11.0 版本之后，提供了 Hive Server 2 服务

其中，"nohup…&"是 Linux 命令，表示命令在后台运行。

以 Hive 2.3.2 版本为例，使用如下命令启动 Hive Server2：

$HIVE_HOME/bin/hive --service hiveserver2 10001>/dev/null 2>/dev/null &

（2）Hive 元数据库

Hive 的元数据存储在关系型数据库里，一般常用 Derby 和 MySQL 两种关系型数据库。元数据对于 Hive 十分重要，因此 Hive 支持把 MetaStore 服务独立出来，安装到远程的服务器集群里，从而解耦 Hive 服务和 MetaStore 服务，保证 Hive 运行的健壮性。

1）Derby。Derby 非常小巧，核心部分的 derby.jar 只有 2MB，既可用作单独的数据库服务器，也可在应用程序中内嵌使用。因此 Hive 采用 Derby 作为一个内嵌的元数据库，可以完成 Hive 安装的简单测试。

进入 Hive 的 conf 目录，可查看 hive-default.xml 配置如下：

<name>javax.jdo.option.ConnectionURL</name>
　<value>jdbc:derby:;databaseName=metastore_db;create=true</value>
　<description>JDBC connect string for a JDBC metastore</description>
</property>
<property>

```
<name>javax.jdo.option.ConnectionDriverName</name>
<value>org.apache.derby.jdbc.EmbeddedDriver</value>
<description>Driver class name for a JDBC metastore</description>
</property>
```

Hive 安装完成之后,就可以在 Hive shell 中执行一些基本的操作,如创建表、查询等。当在某个目录下启动终端并进入 Hive shell 时,Hive 默认会在当前目录下生成一个 Derby 文件和一个 metastore_db 目录,这两个文件主要保存刚刚在 shell 中操作的一些 SQL 结果,如新建的表、添加的分区等。这种存储方式带来的弊端:在同一个目录下只能有一个 Hive 客户端能使用数据库;切换目录并启动新的 shell 后,无法查看之前创建的表,不能实现表数据的共享。

2) MySQL。Hive 默认将元数据存储在 Derby 中,并只允许一个会话连接。而在实际应用中,有时需要多用户多会话,此时可将存放元数据的 Derby 数据库迁移到 MySQL 数据库。

(3) 解释器、编译器、优化器

Driver 调用解释器(Compiler)处理 HiveQL 字符串,这些字符串可能是 DDL、DML 或查询语句。编译器将字符串转化为策略(Plan)。策略仅由元数据操作和 HDFS 操作组成,元数据操作只包含 DDL 语句,HDFS 操作只包含 LOAD 语句。对插入和查询而言,策略由 MapReduce 任务中具有方向的非循环图(Directed Acyclic Graph,DAG)组成。优化器(Optimizer)主要完成逻辑策略优化和 MapReduce 任务优化。

当用户向 Hive 输入一段命令或查询语句时,Hive 需要与 Hadoop 交互工作来完成该操作。首先 Hive 的驱动模块接收命令或查询语句,然后对该命令或查询语句进行解析编译,接着由优化器对该命令或查询语句进行优化计算,最后该命令或查询语句通过执行器进行执行。详细流程如下:

第 1 步:由 Hive 驱动模块中的编译器对用户输入的 SQL 进行词法和语法解析,将 SQL 转换为抽象语法树的形式。

第 2 步:抽象语法树的结构仍很复杂,不方便直接翻译为 MapReduce 算法程序,因此,把抽象语法树转换为查询块。

第 3 步:把查询块转换成逻辑查询计划,里面包含了许多逻辑操作符。

第 4 步:重写逻辑查询计划,并进行优化,合并多余操作,减少 MapReduce 任务量。

第 5 步:将逻辑操作符转换成需要执行的具体 MapReduce 任务。

第 6 步:对生成的 MapReduce 任务进行优化,生成最终的 MapReduce 任务执行计划。

第 7 步:由 Hive 驱动模块中的执行器对最终的 MapReduce 任务进行执行输出。

(4) Hive 的数据存储

Hive 没有专门的数据存储格式,也没有为数据建立索引。用户可以非常自由地组织 Hive 中的表,只需要在创建表的时候告诉 Hive 数据中的列分隔符和行分隔符,Hive 就可以解析数据。如果数据是在 HDFS 上,则向 Hive 表里导入数据只是简单地将数据移动到表所在的目录中；但如果数据是在本地文件系统中，那么是将数据复制到表所在的目录中。

Hive 中所有的数据都存储在 HDFS 中，Hive 中主要包含以下几种数据模型：表（Table）、外部表（External Table）、分区（Partition）、桶（Bucket）。

1）表。Hive 中的表类似于关系型数据库中的表，每个表在 HDFS 中都有相应的目录来存储数据。假设有一个表 stu，且假定 hive.metastore.warehouse.dir 配置为 /user/hive/warehouse，那么在 HDFS 中会创建 /user/hive/warehouse/stu 目录，stu 表中所有的数据都存放在这个目录中，外部表除外。

2）外部表。外部表和表在元数据组织上是相同的，在数据的存储上有较大不同。外部表加载数据和创建表同时完成，实际数据不会移动到数据仓库目录中，而是存放在别处。删除一个外部表时，仅删除外部表对应的元数据，而不会删除外部表所指向的数据。

3）分区。在 Hive 中，表的一个分区对应表下的相应目录，所有分区的数据都存储在对应的目录中。比如 stu 表有 dt 和 school 两个分区，对应于 dt=20131218、school=HNPI 的 HDFS 目录为 /user/hive/warehouse/dt=20131218/city=HNPI，所有属于这个分区的数据都存放在这个目录中。

4）桶。桶计算指定列的 hash，并根据 hash 值对数据进行切分，进而实现并行。每一个桶对应一个文件。比如要将 stu 表的 id 列分散至 16 个桶中，首先计算 id 列的 hash 值，对应 hash 值为 0 的数据存储的 HDFS 目录为 /user/hive/warehouse/stu/part-00000，而 hash 值为 8 的数据存储的 HDFS 目录为 /user/hive/warehouse/stu/part-00008。

4．Hive 与传统数据库的比较

Hive 的设计目的是让那些精通 SQL 的分析师能够对存放在 HDFS 上的大规模数据集进行查询。Hive 在很多方面和传统数据库类似，比如支持 SQL 接口；但是由于底层设计的原因，对 HDFS 和 MapReduce 有很强的依赖性，这也就意味 Hive 的体系架构和传统数据库有很大的区别。这些区别又间接地影响到 Hive 所支持的一些特性。表 0-1 从多个方面列出 Hive 与传统数据库的差异。

表 0-1　Hive 与传统数据库的差异

区别项	Hive	传统数据库
查询语言	HiveQL	SQL
数据存储位置	HDFS	Raw Device 或者 Local FS
数据格式	用户定义	系统决定
数据更新	不支持	支持
索引	无	有
执行	MapReduce	Executor
执行延迟	高	低
可扩展性	高	低
数据规模	大	小

(1) 查询语言

由于 SQL 被广泛地应用在数据仓库中，因此，专门针对 Hive 的特性设计了类 SQL 的查询语言 HiveQL。熟悉 SQL 开发的开发者可以很方便地使用 Hive 进行开发。

(2) 数据存储位置

Hive 是建立在 Hadoop 之上的，所有 Hive 的数据都是存储在 HDFS 中的。而数据库则可以将数据保存在块设备或者本地文件系统中。

(3) 数据格式

Hive 中没有定义专门的数据格式，数据格式可以由用户指定。用户定义数据格式需要指定三个属性：列分隔符（通常为空格、\t、\x001）、行分隔符（\n）以及读取文件数据的方法（Hive 中默认有三个文件格式，即 TextFile、SequenceFile 以及 RCFile）。由于在加载数据的过程中，不需要从用户数据格式到 Hive 定义的数据格式进行转换，因此，Hive 在加载的过程中不会对数据本身进行任何修改，而只是将数据内容复制或者移动到相应的 HDFS 目录中。而在数据库中，不同的数据库有不同的存储引擎，定义了自己的数据格式。所有数据都会按照一定的组织存储，因此，数据库加载数据的过程会比较耗时。

(4) 数据更新

由于 Hive 是针对数据仓库应用设计的，而数据仓库的内容是读多写少的，因此，Hive 中不支持对数据的改写和添加，所有的数据都是在加载时确定好的。而数据库中的数据通常是需要经常进行修改的，因此可以使用 insert into…values 添加数据，使用 update…set 修改数据。

(5) 索引

之前已经说过，Hive 在加载数据的过程中不会对数据进行任何处理，甚至不会对数据进行扫描，因此也没有对数据中的某些 Key 建立索引。Hive 要访问数据中满足条件的特定值时，需要暴力扫描整个数据，因此访问延迟较高。由于 MapReduce 的引入，Hive 可以并行访问数据，因此即使没有索引，对于大数据量的访问，Hive 仍然可以体现出优势。数据库中，通常会针对一个或者几个列建立索引，因此对于少量特定条件的数据访问，数据库可以有很高的效率、较低的延迟。由于数据的访问延迟较高，因此决定了 Hive 不适合在线数据查询。

(6) 执行

Hive 中大多数查询的执行是通过 Hadoop 提供的 MapReduce 来实现的（类似 SELECT* FROM tbl 的查询不需要 MapReduce）。而数据库通常有自己的执行引擎。

(7) 执行延迟

之前提到，Hive 在查询数据的时候，由于没有索引，需要扫描整个表，因此延迟较高。

另外一个导致 Hive 执行延迟高的因素是 MapReduce 框架。由于 MapReduce 本身具有较高的延迟，因此在利用 MapReduce 执行 Hive 查询时也会有较高的延迟。相对的，数据库的执行延迟较低。当然，这个低是有条件的，即数据规模较小，当数据规模大到超过数据库处理能力的时候，Hive 的并行计算显然能体现出优势。

（8）可扩展性

由于 Hive 是建立在 Hadoop 之上的，因此 Hive 的可扩展性与 Hadoop 的可扩展性是一致的。而数据库由于 ACID 语义的严格限制，扩展行非常有限。目前最先进的并行数据库 Oracle 在理论上的扩展能力也只有 100 台左右。

（9）数据规模

由于 Hive 建立在集群上并可以利用 MapReduce 进行并行计算，因此可以支持很大规模的数据；对应的，数据库可以支持的数据规模较小。

通过前面的学习，对 Hive 的特点总结如下：

1）可通过 SQL 轻松访问数据的工具，从而实现数据仓库任务，如提取、转换、加载（ETL）任务，进行报告和数据分析。

2）它可以使已经存储的数据结构化。

3）可以直接访问存储在 Apache HDFS 或其他数据存储系统（如 Apache HBase）中的文件。

4）Hive 除了支持 MapReduce 计算引擎外，还支持 Spark 和 Tez 这两种分布式计算引擎。

5）它提供类似 SQL 的查询语句 HiveQL 来对数据进行分析及处理。

6）数据的存储格式有多种，比如数据源是二进制格式、普通文本格式等。

Hive 的强大之处在于不要求数据转换成特定的格式，而是利用 Hadoop 本身的 InputFormat API 从不同的数据源读取数据。同样使用 OutputFormat API 将数据写成不同的格式。所以对于不同的数据源，要写出不同的格式，就需要不同的 InputFormat 和 Outputformat 类实现。

岗\前\培\训\小\结

岗前培训的主要任务是 Hive 的相关知识介绍，包括 Hive、HBase、HDFS 的基本概念、以及 Hive 工作原理与体系架构。通过岗前培训内容的学习，读者应该了解 Hive 与 HDFS 和 HBase 的关系，以及 Hive 的应用场景，掌握 Hive 的工作原理及体系架构，掌握 Hive 架构中相关组件的使用方式，为后续 Hive 的安装部署与运行以及 Hive 的深入应用打下基础。

课后练习

一、选择题

1. Hive 的分布式数据存储依赖于（　　）框架。
   A．MapReduce　　　B．HDFS　　　　　C．HBase　　　　　D．MySQL
2. Hive 分布式计算及 HiveQL 的运行依赖于（　　）框架。
   A．MapReduce　　　B．HDFS　　　　　C．HBase　　　　　D．MySQL
3. Hive 自带的元数据库是（　　），在实际应用中，一般将 Hive 元数据库换成（　　）。
   A．HBase　　　　　B．HDFS　　　　　C．Derby　　　　　D．MySQL
4. 关于 Hive 与传统关系型数据库的比较，下列说法错误的是（　　）。
   A．Hive 的查询语言为 HiveQL，传统关系型数据库的查询语言为 SQL
   B．Hive 的数据存储在 HDFS 上，关系型数据库的数据一般存储在本地文件系统中
   C．Hive 任务的执行延迟低，关系型数据库查询任务的执行延迟高
   D．Hive 表无索引，传统关系型数据库带索引

二、简答题

1. 简述 Hive 和 Hadoop 的关系。
2. 简述 Hive 和 HBase 的区别和联系。
3. 描述 Hive 的工作原理和体系架构。
4. 分析 HiveQL 与传统数据库的区别。
5. 简述 Hive 的特点。

Project 1

项目1
数据仓库环境部署

本项目主要介绍了 Hive 的不同部署方式，详细描述了 Hive 本地模式和 Hive 远程模式的部署方法及操作过程，并介绍了 Hive 的启动方法。

职业能力目标：

- 掌握 Hive 本地模式部署方法。
- 掌握 Hive 远程模式部署的方法。
- 掌握 Hive 启动相关命令。

项目1 数据仓库环境部署

任务 1　Hive 本地模式部署

任务描述

根据使用场景不同，Hive 的安装部署模式分为三种，分别是内嵌模式、本地模式和远程模式。Hive 内嵌模式由于只支持单会话连接，所以很少使用。Hive 本地模式和远程模式都是常见的安装和部署方法。本任务要求完成 Hive 本地模式的安装及部署，安装完成后通过命令格式化 Hive 元数据库，然后运行和访问 Hive。

2-Hive 安装部署 1　　3-Hive 安装部署 2

任务分析

Hive 数据仓库需要依赖于 Hadoop。要完成本任务，首先需要安装及部署 Hadoop，然后安装并配置好 MySQL 作为 Hive 的元数据库，在此基础上再进行 Hive 的本地模式安装和部署。安装和部署 Hive，最重要的是配置好 Hive 的配置文件 hive-site.xml。

本任务主要完成 Hadoop-2.7.3 集群部署，并在此基础上完成 Hive 的本地部署。本任务中 Hive 本地模式的安装及部署是基于提前安装及部署好 Hadoop 集群的三台主机进行的。Hive 作为一个客户端的工具进行使用，在主机名为 master 的主节点上安装即可。应注意，需要提前在 master 节点安装好 MySQL，用于存储元数据。本地模式的环境条件见表 1-1。

表 1-1　Hive 本地模式的环境基础

名称	环境版本
主机环境	CentOS 7，jdk 1.8
元数据库	MySQL 5.7，安装在 master 节点
Hadoop 平台	hadoop-2.7.3.tar.gz
Hive 平台	apache-hive-2.1.1-bin.tar.gz，安装在 master 节点

首先完成三个节点的 Hadoop 分布式集群规划，具体规划见表 1-2。

表 1-2　Hadoop 集群规划

机器名（hostname）	机器 IP	用途	环境描述
master	192.168.1.11	主节点	64 位 CentOS 7，jdk 1.8
slave1	192.168.1.12	从节点 1	64 位 CentOS 7，jdk 1.8
slave2	192.168.1.13	从节点 2	64 位 CentOS 7，jdk 1.8

必备知识

1．Hive 安装及部署的前提条件

Hive 是基于 Hadoop 的一个数据仓库工具，可以将结构化的数据文件映射为一张数据

库表，并提供完整的 SQL 查询功能，可以将 SQL 语句转换为 MapReduce 任务进行运行。Hive 是建立在 Hadoop 上的数据仓库基础构架。它提供了一系列的工具，可以用来进行数据提取、转化、加载（ETL），这是一种可以存储、查询和分析存储在 Hadoop 中的大规模数据的机制。Hive 定义了简单的类 SQL 查询语言，称为 HiveQL，它允许熟悉 SQL 的用户查询数据。Hive 很容易扩展自己的存储能力和计算能力，这个是继承 Hadoop 的，而关系型数据库在这个方面要比 HBase 数据库差很多。

总而言之，Hive 表数据的存储依赖于 Hadoop 的分布式文件系统（HDFS），Hive 的计算要依赖于 Hadoop 的分布式计算框架 MapReduce，因此安装和使用 Hive 之前，需要先安装 Hadoop。要深入理解 Hive，也必须先理解 Hadoop 和 MapReduce。

2．Hive 的安装方式及区别

Hive 中有两类数据：表数据和元数据。和关系型数据库一样，元数据可以看作描述数据的数据。Hive 表的数据库名、表名、字段名称与类型、分区字段与类型、表及分区的属性、存放位置等都属于元数据。Hive 常用的元数据库有 Hive 自带的 Derby 数据库和独立安装的 MySQL 数据库。元数据的存储路径分为本地和远程，可通过 hive-site.xml 文件设置。根据 Hive 不同的应用场景以及元数据库的使用方式不同，可以将 Hive 的安装方式分为三种，三种方式及具体特点见表 1-3。

表 1-3　Hive 安装方式及特点

序号	安装方式	特点
1	内嵌模式	元数据保存在内嵌的 Derby 数据库中，允许一个会话链接，多个会话链接会报错
2	本地模式	独立安装 MySQL 来替代 Derby 存储元数据
3	远程模式	MetaStore 服务和 Hive 服务不在同一个节点，远程安装 MySQL 来替代 Derby 存储元数据

Hive 的内嵌模式连接到自带的 Derby 数据库进行元数据的存储，并且只允许一个会话连接到数据库，不支持多个会话同时访问数据库，所以实际应用很少。内嵌模式下，Hive 服务和 MetaStore 服务运行在同一个进程中，Derby 服务也运行在该进程中。内嵌模式使用的是内嵌的 Derby 数据库来存储元数据，不需要额外启动 MetaStore 服务。

内嵌模式是 Hive 默认的配置模式，配置简单，但是一次只能连接一个客户端，只适用于实验，不适用于生产环境。内嵌模式结构如图 1-1 所示。

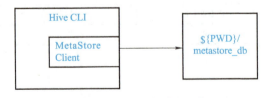

图 1-1　Hive 内嵌模式结构

Hive 的本地模式不再使用内嵌的 Derby 作为元数据的存储介质，而是使用其他数据库

（如 MySQL）来存储元数据。Hive 服务和 MetaStore 服务运行在同一个进程中，MySQL 是单独的进程，可以与 Hive 部署在同一台机器上，也可以在远程机器上。这种方式是一个多用户的模式，多个用户客户端连接到一个数据库中。本地模式部署的 Hive，公司内部的用户可同时访问和操作。每一个用户必须要有对 MySQL 的访问权利，即每一个客户端使用者都需要知道 MySQL 的用户名和密码。Hive 可以通过本地模式在单台机器上处理所有的任务。对于小数据集，执行时间会明显缩短。

Hive 本地模式结构如图 1-2 所示。

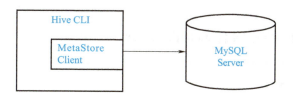

图 1-2　Hive 本地模式结构

Hive 远程模式是将存储元数据的 MySQL 数据库部署到集群中其他节点的机器中，作为元数据服务器，实现了 MySQL 服务器和 Hive 服务器分别部署在不同机器上。在远程模式下，Hive 服务和 MetaStore 服务是运行在不同进程或不同机器上的，在元数据服务器端启动 MetaStore Server，客户端通过 MetaStore Server 访问元数据库 MySQL。Hive 远程模式结构如图 1-3 所示。

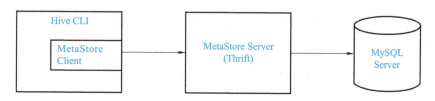

图 1-3　Hive 远程模式结构

任务实施

1．三个节点的 Hadoop 集群部署

（1）关闭防火墙

在每个节点上运行以下命令来关闭防火墙：

```
systemctl stop firewalld
systemctl disable firewalld
```

（2）修改三个节点主机名分别为 master、slave1 和 slave2，并配置主机名和 IP 地址的映射

下面以 master 为例介绍过程。

运行以下命令，修改主机名为 master：

```
hostnamectl set-hostname  master
```

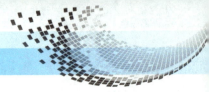

配置三个节点的主机名与 IP 地址的映射：

vim /etc/hosts
192.168.1.11 master
192.168.1.12 slave1
192.168.1.13 slave2

对于 slave1 和 slave2 节点，也分别参照以上步骤配置主机名以及主机名和 IP 地址的映射。

（3）配置 SSH 免密码登录

配置每个节点免密码登录本机，执行以下命令产生密钥，位于 /root/.ssh 目录：

ssh-keygen –t rsa

执行以下命令，创建密钥文件 authorized_keys：

cp ~/.ssh/id_rsa.pub ~/.ssh/authorized_keys

验证免密码登录本机：

执行以下命令登录主机：

ssh localhost

执行以下命令退出连接：

exit

> **小提示：**
>
> 要实现多个节点两两之间免密码登录，需要将密钥复制到其他节点。使用 ssh-copy-id 命令，将其他节点公钥复制到 master 节点，使该节点的 authorized_keys 文件中包含其他各节点的公钥。

登录两个子节点，执行以下命令将公钥复制到 master 节点：

#ssh-copy-id -i master

使用 scp 命令将 master 节点的 authorized_keys 复制到其他节点：

#scp /root/.ssh/authorized_keys nodeX:/root/.ssh

在从节点使用以下命令测试免密码登录是否成功，能连接上说明成功，同样也可以在 master 节点执行 ssh 命令访问从节点。

#ssh master

（4）安装及配置 jdk1.8

首先运行 java –version 命令检查 jdk 是否已安装。如果未安装，则将下载好的 jdk 安装包放到系统的 /usr/local 目录下，然后解压安装包：

tar zxvf /usr/local/jdk-8u112-linux-x64.tar.gz

执行以下命令重命名文件夹：

mv /usr/local/jdk1.8.0_112 /usr/local/jdk

修改 /etc/profile 文件，设置环境变量：

```
vim /etc/profile   # 编辑此文件，增加两行内容
export JAVA_HOME=/usr/local/jdk
export PATH=.:$JAVA_HOME/bin:$PATH
```

执行以下命令，使环境变量的设置立即生效：

```
source /etc/profile
```

（5）安装及配置 Hadoop

进入 Hadoop 的存放目录，解压 Hadoop：

```
tar zxvf hadoop-2.7.3.tar.gz     # 解压安装包
mv hadoop-2.7.3  hadoop          # 重命名
```

设置环境变量：

```
vim /etc/profile    # 编辑此文件，增加两行内容
export HADOOP_HOME=/usr/local/hadoop
export PATH=.:$HADOOP_HOME/bin:$HADOOP_HOME/sbin:$PATH
```

执行以下命令，使设置立即生效：

```
source /etc/profile
```

修改 ./etc/hadoop/hadoop-env.sh 文件，配置 jdk 的路径：

```
export JAVA_HOME= /usr/local/jdk
```

修改 yarn-env.sh 文件，配置 jdk 的路径：

```
export JAVA_HOME=/usr/local/jdk
```

修改 Hadoop 配置文件，这些配置文件放在 /usr/local/hadoop/etc/hadoop 目录下，core-site.xml 文件内容修改后如下：

```
<configuration>
<property>
<name>fs.defaultFS</name>
<value>hdfs://主节点主机名:8020</value>
</property>
<property>
  <name>hadoop.tmp.dir</name>
    <value>/usr/local/hadoop/tmp</value>
</property>
</configuration>
```

hdfs-site.xml 文件内容修改后如下：

```
<configuration>
    <property>
        <name>dfs.replication</name>
        <value>1</value>
    </property>
</configuration>
```

mapred-site.xml 文件内容修改后如下：

```xml
<configuration>
<property>
    <name>mapreduce.framework.name</name>
    <value>yarn</value>
</property>
</configuration>
```

yarn-site.xml 文件内容修改后如下：

```xml
<configuration>
<property>
    <name>yarn.nodemanager.aux-services</name>
    <value>mapreduce_shuffle</value>
</property>
<property>
  <name>yarn.resourcemanager.address</name>
  <value>主节点主机名:8032</value>
</property>
<property>
    <name>yarn.resourcemanager.scheduler.address</name>
    <value>主节点主机名:8030</value>
</property>
<property>
    <name>yarn.resourcemanager.resource-tracker.address</name>
    <value>主节点主机名:8031</value>
</property>
<property>
    <name>yarn.resourcemanager.admin.address</name>
    <value>主节点主机名:8033</value>
</property>
<property>
    <name>yarn.resourcemanager.webapp.address</name>
    <value>主节点主机名:8088</value>
</property>
</configuration>
```

修改主节点 hadoop 安装目录下的 etc/hadoop/slaves 文件，将从节点主机名配置到 slaves 文件，文件内容如下：

```
slave1
slave2
```

（6）配置并启动 HDFS

执行以下命令格式化 HDFS：

```
hdfs namenode -format
```

执行以下命令启动 HDFS：

```
start-dfs.sh
```

> **小提示：**
>
> 通过 jps 命令查看 java 进程：如果主节点上启动了 NameNode、SecondaryNameNode 两个进程，从节点上启动了 DataNode 进程，则说明 HDFS 启动成功。

可以通过浏览器访问 NameNode WUI 界面，访问地址为 http://master:50070/。

（7）配置并启动 Yarn+Mpareduce2

运行以下命令启动 Yarn+MapReduce2：

```
start-yarn.sh
```

> **小提示：**
>
> 通过在 shell 终端上运行 jps 命令查看 Yarn+MapReduce2 是否启动。通过 jps 命令查看 java 进程，如果主节点上启动了 ResourceManager 进程，从节点上启动了 NodeManager 进程，则说明 MapReduce 启动成功。

可以通过浏览器访问 ResourceManager WUI 界面：访问地址为 http://master:8088/。

> **小提示：**
>
> Hadoop 集群部署成功后，执行命令 jps 查看 java 进程，运行在主节点的进程有三个：NameNode、SecondaryNameNode 和 ResourceManager。运行在从节点的进程有两个：DataNode、NodeManager。

2．Hive 本地模式的安装

在进行 Hive 本地模式的安装时，将 Hive 和元数据库 MySQL 都安装在 master 节点上。安装和配置 MySQL 的具体步骤如下：

（1）安装和配置 MySQL 访问权限

首先删除 Linux 上已经安装的 MySQL 相关库信息：

```
rpm -e mysql --nodeps
```

执行以下命令检查是否删除干净：

```
rpm -qa |grep mysql
```

使用 yum 源安装 MySQL，CentOS 7 的 yum 源中默认没有 MySQL，执行以下命令下载 MySQL 的 repo 源：

```
wget http://repo.mysql.com/mysql-community-release-el7-5.noarch.rpm
```

> **小提示：**
>
> 如果提示 wget 未安装，则需要先安装 wget，命令：yum install –y wget。

安装 mysql-community-release-el7-5.noarch.rpm 包：

rpm -ivh mysql-community-release-el7-5.noarch.rpm

安装 MySQL 服务器端：

yum install –y mysql-server

在 shell 命令行状态下执行下面的命令连接 MySQL：

mysql

执行以下命令授予远程访问权限：

grant all privileges on *.* to 'root'@'%' identified by 'root' with grant option

执行以下命令刷新授权表：

flush privileges

执行以下命令创建 Hive 数据库，用于存储 Hive 元数据：

create database hive

执行以下命令退出 MySQL 数据库：

exit

（2）安装并配置 Hive

将下载好的 Hive 安装包进行解压，并且重命名，命令如下：

tar zxvf apache-hive-2.1.1-bin.tar.gz
mv apache-hive-2.1.1-bin hive

在 master 节点上编辑 /etc/profile 文件，添加以下两行内容，配置 Hive 的环境变量：

export HIVE_HOME=/usr/local/hive
export PATH=$PATH:$HIVE_HOME/bin:$HIVE_HOME/conf

执行以下命令，使配置的环境变量生效：

source /etc/profile

> 小提示：
> Hive 的配置文件都存放在 Hive 安装目录的 $HIVE_HOME/conf 目录下。

下面进入 Hive 的 conf 目录，进行配置文件的修改。

在 hive-env.sh 文件中添加以下四个环境变量的配置：

export JAVA_HOME=/usr/local/jdk   #Java 路径
export HADOOP_HOME=/usr/local/hadoop #Hadoop 安装路径
export HIVE_HOME=/usr/local/hive   #Hive 安装路径
export HIVE_CONF_DIR=${HIVE_HOME}/conf   #Hive 配置文件路径

在 Hive 的 conf 目录下新建 hive-site.xml 文件，并在文件中配置 MySQL 数据库连接信息，代码如下：

```xml
<property>
    <name>javax.jdo.option.ConnectionURL</name>
    <value>jdbc:mysql://localhost:3306/hive?createDatabaseIfNotExist=true&amp;characterEncoding=UTF-8&amp;useSSL=false</value>
</property>
<property>
    <name>javax.jdo.option.ConnectionDriverName</name>
    <value>com.mysql.jdbc.Driver</value>
</property>
<property>
    <name>javax.jdo.option.ConnectionUserName</name>
    <value>root</value>
</property>
<property>
    <name>javax.jdo.option.ConnectionPassword</name>
    <value>root</value>
</property>
```

在 Hive 安装目录下创建 tmp 文件，用于存放 Hive 的临时数据和文件：

mkdir /usr/local/hive/tmp

下面部署 jdbc 驱动包。可以在网络上下载 MySQL 的 jdbc 驱动包 mysql-connector-java-5.1.25-bin.jar（其他版本的 jar 包也可以），下载完成后把 jar 包复制到 Hive 安装目录的 $HIVE_HOME/lib 目录下。

配置好 hive-site.xml 文件后，对 Hive 元数据库进行初始化，在 Linux 终端执行命令 schematool -dbType mysql –initSchema 即可对元数据库进行初始化。初始化元数据库的结果如图 1-4 所示。

```
[root@master conf]# schematool -dbType mysql -initSchema
SLF4J: Class path contains multiple SLF4J bindings.
SLF4J: Found binding in [jar:file:/usr/local/hive/lib/log4j-slf4j-impl-2.6.2
taticLoggerBinder.class]
SLF4J: Found binding in [jar:file:/usr/local/hadoop/share/hadoop/common/lib
ar!/org/slf4j/impl/StaticLoggerBinder.class]
SLF4J: See http://www.slf4j.org/codes.html#multiple_bindings for an explana
SLF4J: Actual binding is of type [org.apache.logging.slf4j.Log4jLoggerFacto
Metastore connection URL:        jdbc:mysql://localhost:3306/hive?createData
aracterEncoding=UTF-8&useSSL=false
Metastore Connection Driver :    com.mysql.jdbc.Driver
Metastore connection User:       root
Starting metastore schema initialization to 2.1.0
Initialization script hive-schema-2.1.0.mysql.sql
Initialization script completed
schemaTool completed
```

图 1-4　初始化元数据库的结果

直接在安装 Hive 本地模式机器的 shell 终端运行 hive 命令即可启动 Hive 客户端。注意：启动 Hive 之前需要确保 Hadoop 进程正常启动。启动 Hive 客户端如图 1-5 所示。

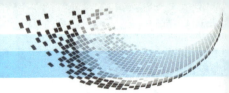

```
[root@master conf]# hive
SLF4J: Class path contains multiple SLF4J bindings.
SLF4J: Found binding in [jar:file:/usr/local/hive/lib/log4j-slf4j-impl-2.6.2.jar!/org/slf4j
taticLoggerBinder.class]
SLF4J: Found binding in [jar:file:/usr/local/hadoop/share/hadoop/common/lib/slf4j-log4j12-1
ar!/org/slf4j/impl/StaticLoggerBinder.class]
SLF4J: See http://www.slf4j.org/codes.html#multiple_bindings for an explanation.
SLF4J: Actual binding is of type [org.apache.logging.slf4j.Log4jLoggerFactory]

Logging initialized using configuration in jar:file:/usr/local/hive/lib/hive-common-2.2.0.j
e-log4j2.properties Async: true
Hive-on-MR is deprecated in Hive 2 and may not be available in the future versions. Conside
 a different execution engine (i.e. spark, tez) or using Hive 1.X releases.
hive>
```

图 1-5　启动 Hive 客户端

任务拓展

1. 思考为什么要更换 Hive 的元数据库。
2. 将 Hive 的元数据库更换为 MySQL，试写出具体的操作及配置步骤。

任务 2　Hive 远程模式部署

任务描述

本任务要求完成 Hive 远程模式的安装和部署。将 Hive 的元数据库和 Hive 服务器安装在不同的机器节点上。安装完成后启动 Hive 的后台服务，通过客户端连接和访问 Hive。

任务分析

Hive 远程模式是指远程部署 MySQL 数据库来代替 Hive 自带的 Derby 数据库，使得 Hive 服务器和元数据库服务器 MySQL 运行在不同的节点上，Hive 服务和 MetaStore 服务运行在不同的进程或不同机器上。Hive 远程模式是企业实际生产环境下常用的一种部署方式，安装及部署过程比本地模式相对复杂一些，访问方式也不太一样，需要特别注意。

本任务需要完成 Hive 远程模式的安装，基于已经完成 Hadoop 集群部署的三台机器 master、slave1 和 slave2 进行部署。Hive 远程模式安装及部署规划见表 1-4。

表 1-4　Hive 远程模式安装及部署规划

节点名称	用途
master	Hive Client 客户端
slave1	Hive Server 服务器
slave2	元数据服务器：安装 MySQL Server

无论是 Hive 服务器还是客户端，都需要部署 Hive 安装包。规划中，master 节点作为客户端，slave1 作为服务器，因此都需要安装 Hive。

必备知识

远程模式下存放元数据的 MySQL 数据库服务器和 Hive 服务器不在同一台机器上，甚至可以放在不同的操作系统上。远程模式的最大特点是：Hive 服务和 MetaStore 服务在不同的进程内，也可以在不同机器上。

在远程模式下，需要启动一个 MetaStore 服务，客户端连接 MetaStore 服务，MetaStore 再去连接 MySQL 数据库来存取元数据。有了 MetaStore 服务，就可以使多个客户端同时连接，而且这些客户端不需要知道 MySQL 数据库的用户名和密码，只需要连接 MetaStore 服务即可访问元数据库。

远程模式需要在 hive-site.xml 配置文件中将 hive.metastore.local 设置为 false，并将 hive.metastore.uris 设置为 MetaStore 服务器 URI，如果有多个 MetaStore 服务器，URI 之间用逗号分隔。MetaStore 服务器 URI 的格式为 thrift://host:port，代码如下：

```
<property>
<name>hive.metastore.uris</name>
<value>thrift://127.0.0.1:9083</value>
</property>
```

其实，仅连接远程的 MySQL 元数据库服务器并不能称之为"远程模式"，是否远程指的是 MetaStore 和 Hive 服务是否在同一进程内，也就是说，"远"指的是 MetaStore 服务和 Hive 服务离得"远"。

在远程模式下，MetaStore 服务只需要开启一次即可，所有客户端可以共享元数据服务，避免资源浪费。

任务实施

1．在 master 和 slave1 节点部署 Hive

将 Hive 安装包下载并存放到 master 节点的 /usr/local/soft 目录下，下面先在 master 节点中对 Hive 进行解压，然后将其复制到 slave1 节点中。

1）在 master 节点中创建工作路径，并解压 Hive 到此路径下，操作命令如下：

```
mkdir -p /usr/hive
tar -zxvf /usr/local/soft/apache-hive-2.1.1-bin.tar.gz -C /usr/hive/
```

2）在 slave1 节点上建立文件夹 /usr/hive，将 master 中的 Hive 解压包远程复制到 slave1。

```
scp -r /usr/hive/apache-hive-2.1.1-bin root@slave1:/usr/hive/
```

执行结果如图1-6所示。

图1-6 复制安装包到slave1节点的执行结果

3）在master和slave1节点修改/etc/profile文件，设置Hive环境变量。在/etc/profile文件中增加以下两行代码：

export HIVE_HOME=/usr/hive/apache-hive-2.1.1-bin
export PATH=$PATH:$HIVE_HOME/bin

配置Hive环境变量如图1-7所示。

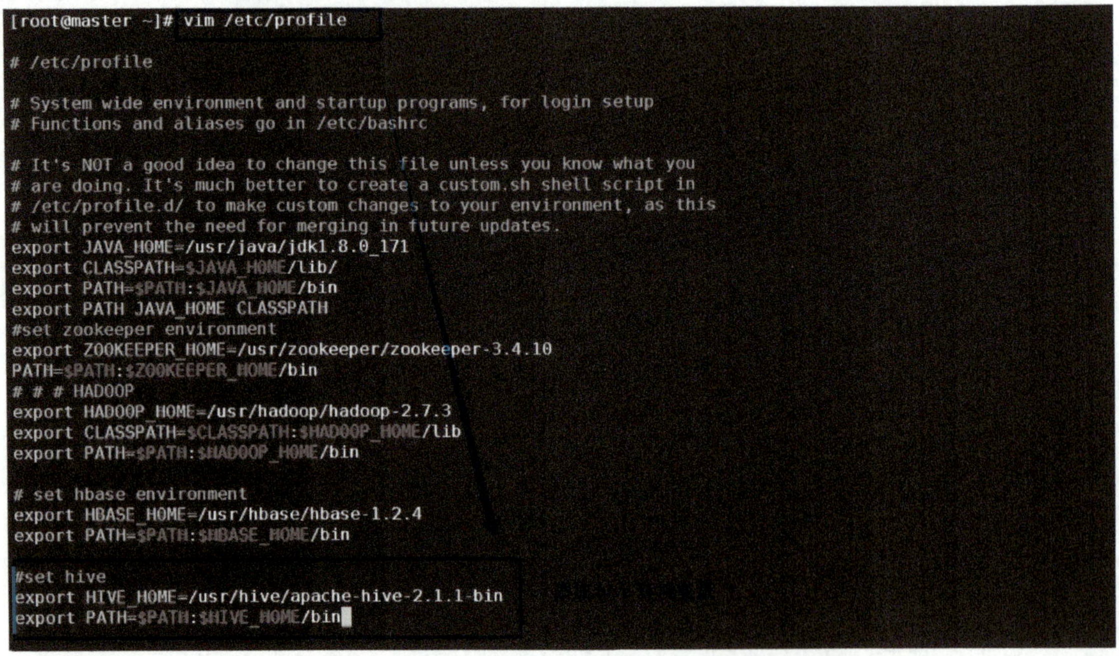

图1-7 配置Hive环境变量

执行source /etc/profile命令使环境变量生效，如图1-8所示。

图1-8 使环境变量生效

2．slave1作为Hive服务器

1）slave1节点作为Hive服务器，需要和元数据库MySQL通信，所以slave1节点需要

使用 MySQL 的驱动包 jar，可以在网上下载 mysql-connector-java-5.1.25-bin.jar 驱动包，并将此驱动包复制到 slave1 节点的 $HIVE_HOME/lib 目录下。

2）修改 slave1 节点的 hive-env.sh 文件中的 HADOOP_HOME 环境变量。进入 Hive 配置目录，因为 Hive 中已经给出配置文件的范本 hive-env.sh.template，直接将其复制一份进行修改即可，主要命令如下：

```
cd $HIVE_HOME/conf
ls
cp hive-env.sh.template hive-env.sh
vim hive-env.sh
```

修改 hive-env.sh 配置文件如图 1-9 所示。

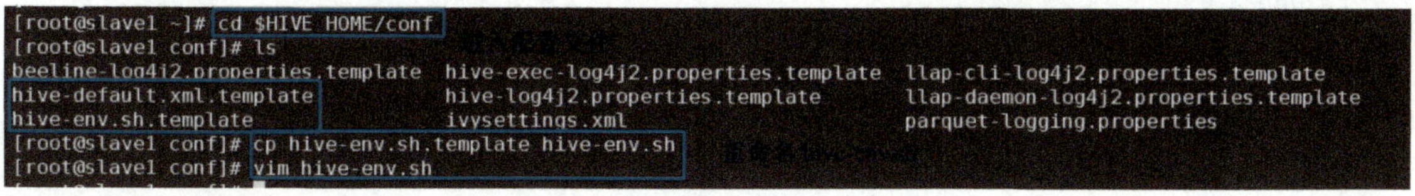

图 1-9　修改 hive-env.sh 配置文件

3）编辑 hive-env.sh 文件，根据 Hadoop 的实际安装路径配置 HADOOP_HOME 环境变量，在文件中添加如下一行代码：

```
HADOOP_HOME=/usr/local/hadoop/
```

4）在 slave1 节点的 $HIVE_HOME/conf 目录下新建 hive-site.xml，并配置 hive-site.xml 文件的内容：

```
vim hive-site.xml
```

在文件中添加以下内容：

```
<configuration>
    <!-- Hive 产生的元数据存放位置 -->
<property>
    <name>hive.metastore.warehouse.dir</name>
    <value>/user/hive_remote/warehouse</value>
</property>
    <!-- 数据库连接 JDBC 的 URL 地址 -->
<property>
    <name>javax.jdo.option.ConnectionURL</name>
    # 连接 MySQL 所在的 IP（主机名）及端口
    <value>jdbc:mysql://slave2:3306/hive?createDatabaseIfNotExist=true</value>
</property>
    <!-- 数据库连接 Driver，即 MySQL 驱动 -->
<property>
    <name>javax.jdo.option.ConnectionDriverName</name>
    <value>com.mysql.jdbc.Driver</value>
</property>
    <!-- MySQL 数据库用户名 -->
```

```xml
<property>
    <name>javax.jdo.option.ConnectionUserName</name>
    <value>root</value>
</property>
    <!-- MySQL 数据库密码 -->
<property>
    <name>javax.jdo.option.ConnectionPassword</name>
    <value>123456</value>
</property>
<property>
    <name>hive.metastore.schema.verification</name>
    <value>false</value>
</property>
<property>
    <name>datanucleus.schema.autoCreateAll</name>
    <value>true</value>
</property>
</configuration>
```

3．master 作为客户端

1）由于客户端需要和 Hadoop 通信，因此首先需要解决 jar 包版本冲突和 jar 包依赖问题。要更改 Hadoop 中 jline jar 的版本，即保留一个高版本的 jline jar 包，需要从 Hive 的 lib 包中复制到 Hadoop 中的 $HADOOP_HOME/share/hadoop/yarn/lib 目录下。

执行命令如下：

```
cp /usr/hive/apache-hive-2.1.1-bin/lib/jline-2.12.jar /usr/local/hadoop/share/hadoop/yarn/lib/
```

2）修改 master 节点 hive-env.sh 中的 HADOOP_HOME 环境变量：

```
HADOOP_HOME=/usr/local/hadoop
```

3）在 master 节点创建 hive-site.xml 文件，文件中的配置内容如下：

```xml
<configuration>
<!-- Hive 产生的元数据存放位置 -->
<property>
    <name>hive.metastore.warehouse.dir</name>
    <value>/user/hive_remote/warehouse</value>
</property>

<!--- 使用本地服务连接 Hive, 默认为 true-->
<property>
    <name>hive.metastore.local</name>
    <value>false</value>
</property>

<!-- 连接服务器-->
```

```
<property>
    <name>hive.metastore.uris</name>
#Hive 客户端通过 thrift 服务器服务连接 MySQL 数据库，这里的 thrift 服务器就是 slave1 的 IP（主机名）
<value>thrift://slave1:9083</value>
</property>
</configuration>
```

配置 master 节点的 hive-site.xml 如图 1-10 所示。

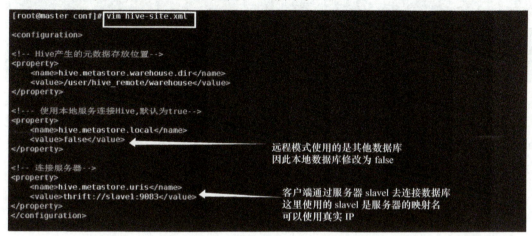

图 1-10　配置 master 节点的 hive-site.xml

4．在 slave2 节点上安装 MySQL 服务器

MySQL 服务器的安装方法具体可以参照本项目任务 1 中 MySQL 安装和配置相关内容，此处不再赘述。

5．启动 Hive

经过以上的安装和配置，Hive 的远程模式部署完成，接下来按照以下步骤完成 Hive 启动。

1）slave1 作为服务器，执行以下命令启动 Hive 服务器：

```
bin/hive --service metastore
```

slave1 节点启动 Hive 服务器如图 1-11 所示。

图 1-11　slave1 节点启动 Hive 服务器

2）master 作为客户端，在客户端执行以下命令启动 Hive：

```
hive
```

3）在 Hive 客户端下运行 show databases 命令，测试 Hive 是否启动成功：

```
hive>show databases
```

master 节点启动 Hive 客户端如图 1-12 所示。

```
[root@master apache-hive-2.1.1-bin]# bin/hive
SLF4J: Class path contains multiple SLF4J bindings.
SLF4J: Found binding in [jar:file:/usr/hive/apache-hive-2.1.1-bin/lib/log4j-slf4j-impl-2.4.1.jar!/org/slf4j/im
nder.class]
SLF4J: Found binding in [jar:file:/usr/hadoop/hadoop-2.7.3/share/hadoop/common/lib/slf4j-log4j12-1.7.10.jar!/c
ticLoggerBinder.class]
SLF4J: See http://www.slf4j.org/codes.html#multiple_bindings for an explanation.
SLF4J: Actual binding is of type [org.apache.logging.slf4j.Log4jLoggerFactory]

Logging initialized using configuration in jar:file:/usr/hive/apache-hive-2.1.1-bin/lib/hive-common-2.1.1.jar!
erties Async: true
Hive-on-MR is deprecated in Hive 2 and may not be available in the future versions. Consider using a different
 (i.e. spark, tez) or using Hive 1.X releases.
hive> show databases;
OK
default
Time taken: 1.954 seconds, Fetched: 1 row(s)
hive> █
```

图 1-12　master 节点启动 Hive 客户端

通过图 1-12 可以看出，master 节点作为 Hive 客户端，启动客户端的命令为 hive，通过 show databases 命令可以查看 MySQL 服务器，说明连接 MySQL 成功。Hive 的远程模式部署成功。

任务拓展

1．在个人计算机上完成 Hive 本地模式的部署。

2．在个人计算机上完成 Hive 远程模式的部署。

3．启动 Hive，查看结果。

项\目\小\结

本项目的主要任务是深入理解 Hive 的三种不同安装和部署方式以及区别。分别完成 Hive 本地模式和远程模式的安装及部署。掌握不同安装模式下 Hive 的启动和访问方法。通过对本项目的学习，读者应理解 Hive 和 Hadoop 的依赖关系，能够自主完成 Hive 的部署规划和安装，并具备 Hive 的启动和访问操作能力。

课\后\练\习

一、选择题

1．以下（　　）不是 Hive 的部署模式。

A．本地模式　　　　B．远程模式

C．内嵌模式　　　　D．完全分布式模式

2．Hive 的内嵌模式部署方式使用的元数据库是（　　）。
   A．MySQL　　　　B．HBase　　　　C．Derby　　　　D．Hadoop
3．安装部署 Hive 时，需要将配置和修改的信息配置到（　　）文件中。
   A．default.xml　　　　　　　　B．hive-site.xml
   C．hive-default.xml　　　　　　D．core-site.xml

二、填空题

1．Hive 中主要包含两类数据，分别是_____和_____。

2．Hive 常用的两种部署模式是_____和_____。

3．启动 Hive Server 可以执行命令_____，启动 Hive 客户端可以执行命令_____。

三、简答题

1．安装和部署 Hive 的前提条件有哪些？

2．Hive 有哪几种安装和部署方式？

3．什么是 Hive 的 MetaStore，有什么作用？

4．描述 Hive 本地模式部署方式的原理和架构。

5．描述 Hive 远程模式部署方式的原理和架构。

四、部署规划

已知有三个节点的 Hadoop 集群，如何基于这个集群进行 Hive 远程模式的部署，请给出部署规划，并写出部署步骤。

Project 2

项目2
基于DDL的学员信息系统操作

HiveQL 是 Hive 查询语言。本项目主要向读者展示 HiveQL DDL（Data Definition Language，数据定义语句）的一些基本操作，详细介绍了 Hive 数据模型的相关概念以及 Hive 数据库的一些基本操作，介绍了 Hive 数据定义相关操作，包括 Hive 的数据类型和表的相关操作。

职业能力目标：

- 了解 Hive 数据模型的相关概念。
- 掌握数据库相关操作，能够创建和管理 Hive 数据库。

项目2 基于DDL的学员信息系统操作

任务1 学员信息数据仓库操作

任务描述

本任务在已完成安装 Hive 的基础上,需要读者了解 Hive 数据模型的相关概念,完成 Hive 数据库的创建和管理。

任务分析

此任务将完成在 Hive 中创建存放学员信息的数据库,并完成数据库的修改、查询、删除等管理操作。

数据库可以看成一个存储数据对象的容器,Hive 中数据库的概念本质上是表的一个目录或者命名空间。本任务用命令行方式来创建和管理数据库。

必备知识

Hive 的数据模型和各种关系型数据库非常相似,Hive 中所有的数据都存储在分布式文件系统(HDFS)中。Hive 的数据模型主要用于组织数据元素,并且按照某种关系使各个数据元素之间进行相互关联。数据模型主要由数据库(Database)、表(Table)、分区(Partition)和桶(Bucket)四部分组成,结构图如图 2-1 所示,这些对象都是定义在 Hive MetaStore 的元数据层中的逻辑单元。其中,逻辑单元由各种数据类型组成,这些数据类型将文件中的实际数据与模式中的列关联起来。

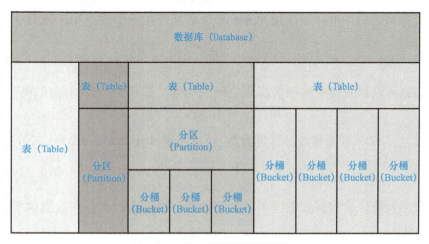

图 2-1 Hive 数据模型的结构图

1. 数据库(Database)

Hive 数据库与人们熟悉的 RDBMS 领域的数据库略有不同,Hive 数据库类似于数据库

数据仓库技术及应用

中表的一个目录或者命名空间,本质上是一个用于保存一组表的元数据信息的命名空间,主要用于实现用户和数据库应用的相互隔离。通过 Hive 数据模型,人们可以将用户和数据库应用隔离到两个互不相同的数据库或者模式中。Hive 数据库提供了创建数据库、使用数据库、删除数据库等相关的数据库命令。

注意:第一次安装 Hive 时,Hive 会创建一个名为 default 的默认数据库,这个是系统数据库,Hive 数据库的系统信息都存储在这个数据库中。如果删除了默认数据库,那么 Hive 将不能正常工作。对于用户的数据,需要创建新的数据库来存放。

用户可以使用 create database 命令在系统中创建一个新的数据库,该命令的完整语法如下:

```
create (database|schema) [if not exists] database_name
[comment database_comment]
[location hdfs_path]
[with dbproperties(property_name = property_value,…)];
```

语法格式说明:

语法中,"[]"内为可选项,(|)表示二选一。

输入的命令不区分大小写。

语法说明:

数据库名(database_name):命令中的数据库名字必须符合操作系统文件夹命名规则。

if not exists:在创建数据库时进行判断,只有该数据库目前尚不在 Hive 中存在时,系统才会执行 create database 操作。用此选项可以避免出现数据库已经存在而新建的错误。

location:当需要指定 Hive 数据库的存储位置时,可以用此选项来实现。

with dbproperties:可以用此选项将任何自定义属性指派给新建的数据库。

创建了数据库之后,用户可以使用 use 命令来打开某一个数据库,该命令的完整语法如下:

```
use database_name;
```

这个语句也可以用来实现两个数据库之间的切换,即从一个数据库跳转到另外一个数据库。

数据库创建后,如果需要修改数据库参数,可以使用 alter database 命令,其语法格式如下:

```
alter [database|schema]database_name
set dbproperties(property_name = property_value,…);
```

注意:用户只能修改数据库中键值对的属性值,数据库的名称和数据库所在的目录位置是不能修改的。

如果需要删除已经创建的数据库,可以使用 drop database 命令,该命令的完整语法如下:

```
drop database [if exists] database_name
[restrict|cascade];
```

语法说明：

if exists：使用 if exists 可以避免删除不存在的数据库时出现的 Hive 错误提示。

restrict：默认选项，即如果有表存在，则不允许删除数据库。

cascade：在 Hive 中删除某个数据库时，不能删除有数据的数据库，此时如果数据库里面有数据系统，则会提示报错。如果需要忽略此提示信息，强制删除含有数据的数据库，则可以在数据库名称的后面直接添加 cascade 关键字。使用该关键字后，Hive 会将自己数据库下的表全部删除。

2．表（Table）

Hive 表主要是由表中存储的数据和元数据两部分组成。表中存储的数据一般存放在分布式文件系统中，如 HDFS；元数据通常存储在关系型数据库中，如 MySQL。元数据是在创建数据库表之后还没有加载数据时产生的，主要用于记录表的相关描述信息。Hive 表一般分为内部表和外部表两种。

3．分区（Partition）

数据分区的概念已经存在很长时间了，它的存在形式是多种多样的。人们通常使用分区来水平地分散用户获取信息的压力，将频繁使用的数据从物理上转移到离用户更近的地方。

Hive 中的分区主要是指分区表，人们可以根据"分区列"的值对表的数据进行粗略的划分，将数据以一种比较符合逻辑的方式进行组织，比如分层存储。分区表在 Hive 存储中的应用比较广泛，比如表的主目录（Hive 表实际显示为一个文件夹）下的一个子目录，这个主目录（或文件夹）的名字就是人们在 Hive 中定义的分区列的名字。对于一个没有实际操作经验的人，则可能会认为分区列只是 Hive 表中的某个字段，其实这种想法是错误的。Hive 中的分区列是独立的列，是单独存在的，人们可以根据这个列来存储表里面的数据文件。

分区的主要作用是加快数据查询的速度，当人们在查询某一个分区列中的数据时，没必要对全表进行查询扫描，只需要使用条件语句 where，通过关键字来查询某一个数据信息即可。下面列举一个 Hive 中的分区实例。

具体实例如下：

1) 创建一个分区表 partition_table，以 time 为分区列：

```
create table partition_table (id int, name string)
partitioned by (time string)
row format delimited
fields terminated by 't' stored as textfile;
```

2) 将数据添加到时间为 2019-04-28 的分区中：

```
load data local inpath '/home/hadoop/Desktop/data.txt' overwrite into table partition_table partition (time='2019-04-28');
```

3）从一个分区中查询数据：

select * from partition_table where time ='2019-04-28';

4）向一个分区表的某一个分区中添加数据：

insert overwrite table partition_table
partition (time ='2019-04-28')
select id,max(name) from test group by id;

5）查看分区的具体情况，使用如下命令：

hadoop fs -ls /home/hadoop.Hive/warehouse/ partition_table

或者

show partitions tablename;

4．桶（Bucket）

前面讲到的数据模型中的表和分区都是从目录级别对数据进行拆分的，而桶则是对源数据文件本身进行的一种数据拆分。对于一个表或者一个分区，Hive可以将其进一步划分为更细的数据块——桶。使用桶的表会将源数据文件按一定规律拆分成多个文件，物理上，每个桶就是表（或分区）目录里的一个文件。桶采用了分而治之的思想，主要是为了解决大表和大表之间的连接问题。

Hive和分区一样也是针对某一列进行桶的组织，这里的列字段对应于数据文件中具体的某个列。在Hive桶表中，分桶的规则是：对分桶字段值进行哈希，哈希值除以桶的个数求余，余数决定了该条记录在哪个桶中，即余数相同的在一个桶中。

把表（或者分区）组织成桶（Bucket）的优点是：

1）提升查询处理效率。桶为表加上了额外的结构，Hive在处理某些查询时能利用这个结构。

2）使取样（Sampling）更高效。在处理大规模数据集时，使用桶可以节省很多时间，提高查找数据的效率。

任务实施

1．创建数据库

创建一个名为Student的数据库，用于存放学员信息，如图2-2所示。

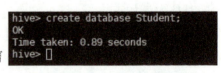

图2-2 创建Student数据库

> **小提示：**
>
> 该命令将在Hive MetaStore中创建一个名为Student的新命名空间。在本例中，由于没有在HDFS中指定该数据库的位置，因此将在Hive.metastore.warehouse.dir中定义的默认顶层目录下创建一个名为Student database的目录，文件名为Student database.db。

2．使用完整的语法创建一个数据库 sopdm，指定存放位置

```
create database if not exists sopdm
comment 'this is test database'
with dbproperties('creator'='gxw','date'='2014-11-12'):
location '/my/preferred/directory';
```

3．查看 Hive 中全部的数据库

要显示 Hive 中已经建立的数据库，可以使用“show databases；”命令。例如，将当前 MetaStore 中所有的数据库罗列出来，该命令的完整语法如下：

```
hive>show databases;
```

此命令没有用户变量，执行“show databases；”命令后的效果如图 2-3 所示。

```
hive> show databases;
OK
default
hive
student
Time taken: 0.116 seconds, Fetched: 3 row(s)
hive>
```

图 2-3　执行 show databases 命令后的效果

小提示：

如果在 Hive 中创建了多个数据库，则可以使用“like”关键字模糊匹配数据库名称，将所需要的数据库筛选出来。如下列语句，可以将 D 开头的所有数据库列举出来：

```
hive> show databases like 'D.*';
```

4．查看数据库信息

可以通过“describe database default；”命令查看当前某一个数据库的相关信息，该命令的完整语法如下：

```
hive > describe database default;
```

5．查看创建的 Student 数据库信息

```
hive> describe database Student;
```

查看创建的 Student 数据库信息如图 2-4 所示。

```
hive> describe database Student;
OK
student         hdfs://master:9000/home/hadoop/hive/warehouse/student.db        hadoop
Time taken: 0.021 seconds, Fetched: 1 row(s)
hive>
```

图 2-4　查看创建的 Student 数据库信息

6．使用或者切换数据库

例如要对 Student 数据库进行操作，可以先执行“use Student；”命令，将 Student 数据

库指定为当前数据库，如图 2-5 所示。

图 2-5 使用 Student 数据库

7．删除数据库

删除 Hive 中的数据库 Student，代码如下：

hive > drop database if exists Student;

删除 Student 数据库，如图 2-6 所示。

图 2-6 删除 Student 数据库

任务拓展

1．请描述 Hive 中创建数据库、修改数据、删除数据库都用哪些操作命令？
2．思考 Hive 数据库存储和 Hadoop 存储有何关系？

任务 2　学员数据模型创建与操作

4-HiveQL 操作：创建数据库、表和视图

任务描述

本任务在 Hive 数据模型的基础上，深入介绍 Hive 的数据类型、表格类型，并完成学员信息表的创建、查询和删除等操作。

任务分析

在本任务中，通过认识数据类型和表格类型，理解并掌握如何在 Hive 中查看、创建、修改、删除不同类型的表格，这是 Hive 中的重点内容。

必备知识

1．Hive 的数据类型

Hive 的内置数据类型可以分为基本数据类型和复杂数据类型两大类。Hive 中的每一列都有对应的数据类型，其数据类型和 Java 基本相同。基本数据类型包括布尔型、整数型、

浮点型、字符串型等。表 2-1 中列出了 Hive 中的基本数据类型。

表 2-1 Hive 中的基本数据类型

类别	类型	描述	示例
布尔型	BOOLEAN	true/false	true
二进制型	BINARY	可变长度字节和数组	
整数型	TINYINT	1B 的有符号整数	45Y
	SMALLINT	2B 的有符号整数	100S
	INT	4B 的带符号整数	36
	BIGINT	8B 的带符号整数	2000L
浮点型	FLOAT	4B 的单精度浮点数	3.14159
	DOUBLE	8B 的双精度浮点数	2.13
	DECIMAL	任意精度的带符号小数	−1.175
字符串型	STRING	可变长度字符串，最大 2GB	"hello, world"
	VARCHAR	可变长度字符串	"APPLE"
	CHAR	固定长度字符串	"zsD"
时间戳型	TIMESTAMP	时间戳，纳秒精度	122327493795
日期型	DATE	日期，内容格式：YYYYMMDD	2016-03-29

Hive 的基本数据类型之间可以进行隐式类型转换。

布尔及二进制型：BOOLEAN 表示二元的 true 或 false；BINARY 用于存储变长的二进制数据。

整数型：包括 TINYINT、SMALLINT、INT、BIGINT4 种，分别对应 Java 中的 byte、short、int、long。字节长度分别为 1、2、4、8。在使用整数常量时，默认情况下为 INT，如果要声明为其他类型，可通过后缀来标识。

浮点型：FLOAT 和 DOUBLE 分别对应 Java 中的 float 和 double，分别为 32 位和 64 位浮点数。DECIMAL 用于表示任意精度的小数，类似于 Java 中的 BigDecimal，通常在货币中使用。例如，DECIMAL(5,2) 用于存储 -999.99 ～ 999.99 的数字，省略掉小数位，DECIAML(5) 表示 -99 999 ～ 99 999 的数字。DECIMAL 则等同于 DECIMAL(10,0)。小数点左边允许的最大位数为 38 位。

字符串型：STRING 存储变长的文本，对长度没有限制。理论上 STRING 类型文本的大小为 2GB，但是存储特别大的对象时，效率可能会受到影响。VARCHAR 与 STRING 类似，但是长度只允许在 1 ～ 65 355 之间。另外，VARCHAR 表示可变长度字符串，会根据字符串的实际长度分配存储空间，而 CHAR 则用固定长度来存储数据。

时间戳型：TIMESTAMP 用于存储纳秒级别的时间戳，时间戳类型的数据不包含任务的时区信息，但是 to_utc_timestamp 和 from_utc_timestamp 函数可以用于时区转换。同时，Hive 提供了一些内置函数用于在 TIMESTAMP 与 UNIX 时间戳（秒）和字符串之间做转换。例如：

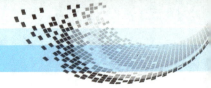

```
cast(timestamp as date)
cast(string as date)
cast(date as string)
```

日期型：DATE 类型则表示日期，对应年、月、日三个部分。

在 Hive 的类型层次中，可以根据需要进行隐式的类型转换，例如，TINYINT 与 INT 相加，则会先将 TINYINT 转换成 INT，然后与 INT 做加法。

Hive 中的基本数据类型很多，因此在创建表格时需要按照需求选择恰当的数据类型。除此之外，Hive 中还包含一些关系数据库中不常见的复合数据类型。这些数据类型由多个基本数据类型组成，以集合的格式储存，因此又称作复合集（Collection）。

Hive 中有以下四种复合数据类型。

1）数组：数组（ARRAY）类型是由一系列相同数据类型的元素组成的有序复合集，这些元素可以通过下标来访问。数组的下标从 0 开始。

例如，可以声明一个 ARRAY 类型的变量 FRUITS。

```
hive> FRUITS ARRAY<'APPLE', 'ORANGE', 'MANGO'>
```

可以通过 FRUITS[0] 来访问元素 APPLE，用 FRUITS[2] 来访问元素 MANGO，因为 ARRAY 类型的下标是从 0 开始的。

2）映射：映射（MAP）类型是一种无序的键值（key-value）对集合。其中，MAP 的键是基本数据类型，值可以是 Hive 中的任何数据类型。

例如，可以声明一个 MAP 类型的变量 STUDENT。

```
hive> STUDENT MAP< 'PETER', '95'>
```

可以通过键来访问值，在这个类型中，PETER 是 key，95 是 value；那么可以通过 STUDENT['PETER'] 来得到这个学生对应的分数 95。

3）结构体：结构体（STRUCT）类型是一种含有多个字段的数据类型，这些字段可以是任何数据类型。

例如，可以使用 STRUCT 存储用户的详细地址。

```
hive> ADRESS STRUCT<number:STRING,street:STRING,city:STRING >
```

4）联合体：联合体（UNION）类型提供了一种方法，能以不同的数据类型存储在同一个字段的不同行。

例如，如果数据文件存放了客户的联系信息，但是每条联系信息中都包含了一个或多个电话（或邮箱地址），那么可以声明一个 CONTACT 变量来存储这条信息。

```
hive> CONTACT UNIONTYPE<int,array< int>, string,array< string>>
```

2．Hive 表的分类

Hive 是基于 Hadoop 的一个数据仓库，可以将结构化的数据文件映射为一张表，并提供类似于 SQL 的查询功能，Hive 底层将 SQL 语句转换为 MapReduce 任务运行。Hive 是一个数据仓库，不支持行级插入、更新以及删除操作。Hive 共有四种表，分别是内部表、外部表、分区表和桶表。

下面详细讲解各种表的适用情形、创建和加载数据的方法。

（1）内部表（Table）

内部表有时也被称为管理表。这种表控制着数据的生命周期。默认情况下，Hive 会将这些表的数据存储在 /user/hive/warehouse 子目录下，由 Hive 自身管理，删除内部表会同时删除存储数据和元数据所定义目录的子目录。当删除内部表时，同时会删除这个表中的数据。因此内部表不方便与其他工具共享数据。

（2）外部表（External Table）

外部表指向特定目录的一份数据，Hive 并不对该数据具有所有权。数据存储位置由用户自己指定，由 HDFS 管理，删除外部表时仅会删除元数据，存储数据不会受到影响。数据可以被多个工具共享，即外部表只对数据进行逻辑管理。

（3）分区表（Partition Table）

分区表是一种内部表，将数据按照某个字段或者关键字分成多个子目录来存储。分区表通过指定一个或多个分区键（Partition Key）决定数据的存放方式，进而优化数据的查询。每个表可以指定多个分区键，每个分区键在 Hive 中都以文件夹的形式存在。图 2-7 所示是对数据按年份进行分区，每个年份对应一个目录，年份相同的数据会放到同一个目录下。

图 2-7 对 Hive 表中数据按照年份进行分区

（4）桶表（Bucket Table）

桶表也是内部表，它将数据分割成更小的片段，以便人们更高效地访问查找数据。在 Hive 分区表中，当分区中的数据量过于庞大时，建议使用桶。分桶后的查询效率比分区后的查询效率高。分桶表是以对列值取哈希值的方式，将不同数据放到不同文件中存储，由列的哈希值除以桶的个数来决定每条数据划分在哪个桶中。

对于 Hive 中的每一个表、分区，都可以进一步进行分桶。图 2-8 所示是对 Hive 表中的数据按照年份分区，再按 ID 进行分桶。

Browse Directory

/user/hive/warehouse/hive_order.db/order_data_partition_by_year_bucket_by_id/year=2017

Permission	Owner	Group	Size	Last Modified	Replication	Block Size	Name
-rwxr-xr-x	hadoop	supergroup	327.96 KB	Fri Aug 17 18:54:59 +0800 2018	1	128 MB	000000_0
-rwxr-xr-x	hadoop	supergroup	328.28 KB	Fri Aug 17 18:54:59 +0800 2018	1	128 MB	000001_0
-rwxr-xr-x	hadoop	supergroup	327.3 KB	Fri Aug 17 18:56:12 +0800 2018	1	128 MB	000002_0
-rwxr-xr-x	hadoop	supergroup	330.57 KB	Fri Aug 17 18:56:07 +0800 2018	1	128 MB	000003_0

图 2-8　对 Hive 表中的数据按照 ID 进行分桶

任务实施

1. 创建表格

（1）创建内部表（Table）

Hive 中的内部表与数据库中的 Table 在概念上是类似的，创建一个名为 Stu_table_name 的内部表可以用如下语句：

```
# 字段之间以逗号分隔
hive> create table Stu_table_name(id int, name string) row format delimited fields terminated by',';
```

创建完成后使用"show tables;"命令查看是否创建成功。

```
hive> show tables;
```

（2）创建外部表（External Table）

对于外部表，在创建的时候，需要加上 external 关键字。不使用 external 关键字创建的表为内部表，如创建一个名为 Ext_Stu_table 的外部表：

```
# 字段之间以逗号分隔
hive> create external table Ext_Stu_table(id int, name string) row format delimited fields terminated by',';
```

（3）创建分区表（Partition Table）

创建分区表的时候，要通过关键字 partitioned by (name string) 声明该表是分区表，并且按照字段 name 进行分区，name 值一致的所有记录存放在一个分区中，分区属性 name 的类型是 string 类型。当然，可以依据多个列进行分区，即对某个分区的数据按照某些列继续分区。

在查询时，通过 where 子句中的条件指定相应的分区。创建分区表时，要注意开启允许动态分区设置，必要的时候还需要设置允许创建的最大分区数。分区设置的基本语法如图 2-9 所示。

```
#开启动态分区功能
set hive.exec.dynamic.partition=true;
#允许所有分区都是动态的
set hive.exec.dynamic.partition.mode=nonstricr;
#设置每个mapper或reducer可以创建的最大动态分区个数
set hive.exec.max.dynamic.partitions.pernode=1000;
#设置一个动态分区创建语句可以创建的最大分区个数
set hive.exec.dynamic.partitions=10000;
#全局可以创建的最大文件个数
set hive.exec.max.created.files=100000;
```

图 2-9　分区设置的基本语法

创建一个 Stu_Partition_table 的分区表可以用以下语句：

```
#字段之间以逗号分隔
hive> create table Stu_Partition_table(id int, name string) partitoned by（year int）row format delimited fields terminated by',';
```

（4）创建桶表（Bucket Table）

桶表在创建的时候要使用关键词 clustered by 来指定划分桶所用的列和划分桶的个数。Hive 将指定分桶列的 hash 值除 Bucket 个数（即桶数）后取余数，保证数据均匀随机分布在所有 Bucket 里。使用关键词 sorted by 可对桶中的一个或多个列另外排序。

创建一个名为 Stu_Bucket_table 的桶表可以使用以下语句：

```
#字段之间以逗号分隔
 hive> create table Stu_Bucket_table(id int, name string) partitoned by（year int）clustered by (id int) row format delimited fields terminated by',';
```

2．查看表的结构信息

（1）查看数据库

命令：show databases；或 show schemas；

例如，显示数据库信息的代码如下：

```
hive> show databases;
OK
tpcds_parquet
Time taken: 1.7 seconds, Fetched: 3 row(s)
hive> show databases like 'tpc*';
OK
tpcds_parquet
Time taken: 0.017 seconds, Fetched: 1 row(s)
```

显示配置单元架构信息的代码如下：

```
hive> show schemas;
OK
tpcds_parquet
Time taken: 0.02 seconds, Fetched: 3 row(s)
```

(2) 查看表

命令：show tables；

例如，查看数据库中所有表格的代码如下：

```
hive> show tables;
OK
Time taken: 0.029 seconds, Fetched: 18 row(s)

hive> show tables in default;
OK
Time taken: 0.021 seconds, Fetched: 18 row(s)

hive> show tables 'test*';
OK
Time taken: 0.021 seconds, Fetched: 9 row(s)
```

(3) 查看表结构

命令：desc table_name;

例如，表格 test 的结构如图 2-10 所示。

```
0: jdbc:hive2://192.168.43.249:10000> desc test;
+-----------+---------------+----------------+-----------+---------+----------+
| col_name  |   data_type   | default_value  | not_null  | unique  | comment  |
+-----------+---------------+----------------+-----------+---------+----------+
| id        | int           | NULL           | No        | No      |          |
| name      | varchar(255)  | NULL           | No        | No      |          |
| date_dt   | timestamp     | NULL           | No        | No      |          |
+-----------+---------------+----------------+-----------+---------+----------+
```

图 2-10　test 表的结构

(4) 查看表详细属性

命令：desc formatted test;

例如，表格 test 的详细属性如图 2-11 所示。

```
0: jdbc:hive2://192.168.43.249:10000> desc formatted  test;
+-------------------------------+-----------------------------------------------------------+
|           category            |                        attribute                          |
+-------------------------------+-----------------------------------------------------------+
| # Category                    | Attribute                                                 |
| id                            | int                                                       |
| name                          | varchar(255)                                              |
| date_dt                       | timestamp                                                 |
| # Detailed Table Information  | #                                                         |
| Database:                     | default                                                   |
| Owner:                        | hive                                                      |
| CreateTime:                   | Thu Jul 27 15:39:35 CST 2017                              |
| LastAccessTime:               | UNKNOWN                                                   |
| Protect Mode:                 | None                                                      |
| Retention:                    | 0                                                         |
| Location:                     | hdfs://nameservice1/oracledb/tmp1/test                    |
| Table Type:                   | EXTERNAL_TABLE                                            |
| Table Parameters:             | #                                                         |
| COLUMN_STATS_ACCURATE         | false                                                     |
| EXTERNAL                      | TRUE                                                      |
| numFiles                      | 0                                                         |
| numRows                       | -1                                                        |
| rawDataSize                   | -1                                                        |
| totalSize                     | 0                                                         |
| transient_lastDdlTime         | 1501141175                                                |
| # Storage Information         | #                                                         |
| SerDe Library:                | org.apache.hadoop.hive.serde2.lazy.LazySimpleSerDe        |
| InputFormat:                  | org.apache.hadoop.mapred.TextInputFormat                  |
| OutputFormat:                 | org.apache.hadoop.hive.ql.io.HiveIgnoreKeyTextOutp        |
```

图 2-11　test 表的详细属性

（5）查看分区表的信息

命令：show partitions;

例如，显示一个分区 test_partition 信息的代码如下：

hive> show partitions test_partition;
OK
dt=201412
dt=201413
dt=201601
dt=201602
dt=201603
Time taken: 0.171 seconds, Fetched: 5 row(s)

3．修改表的结构

Hive 中对表的修改包括修改表的属性，如改变表名称、改变列名称、添加列或替换列。使用关键词 alter table 进行操作。

（1）重命名表名

alter table name rename to new_name

例如，将表格 student 重命名为 new_student，代码如下：

hive> alter table student rename to new_student;

（2）添加新列

alter table name add columns (col_spec[, col_spec ...])

例如，在表格 student 中添加一列 class，代码如下：

hive> alter table student add columns (class string comment 'Class name');

（3）删除既存的指定列

alter table name drop [column] column_name

例如，删除表格 student 中 name 这一列，代码如下：

hive> alter table student drop name;

（4）修改指定列

alter table name change column_name new_name new_type

例如，将 student 表格中的 name 字段名称更改为 stu_name，将 score 字段名称更改为 stu_score 并且将该字段类型由 STRING 变为 DOUBLE，代码如下：

hive> alter table student change name stu_name string;
hive> alter table student change score stu_score double;

（5）替换指定列

alter table name replace columns (col_spec[, col_spec ...])

例如，从 student 表中查询删除的所有列，并使用 emp 替换列，代码如下：

hive> alter table student replace columns (stu_id int emp_id int,stu_name string name string);

(6) 删除表

Hive 中删除表使用 drop table 关键词。对于内部表和外部表，可以直接删除。语法如下：

drop table [if exists] table_name;

例如，如果删除一个名为 student 的表，代码如下：

hive> drop table if exists student;

如果成功执行查询，则能看到以下回应：

OK
Time taken: 5.3 seconds

删除分区表使用关键词 drop partition。

例如，如果删除一个以 day 为分区的分区表，代码如下：

hive> alter table table_name drop partition (day='20140722');

任务拓展

1．请描述 Hive 中分区表与分桶表的区别是什么？
2．思考 HiveQL 和 MySQL 的区别是什么？两者有什么联系？

项\目\小\结

本项目重点讨论了 HiveQL 中可用的 DDL 命令。本项目首先介绍 Hive 数据模型的相关概念及 Hive 数据库的一些基本操作，然后重点介绍 HiveQL 所支持的不同数据类型。通过本项目，读者应该了解 HiveQL DLL 的基本操作，为后面学习 HiveQL DML 的操作打下基础。

课\后\练\习

一、简答题

1．创建内部表、外部表、分区表、桶表的命令分别是什么？
2．Hive 中的数据类型都有哪些？
3．分析 HiveQL 和 MySQL 的区别是什么？
4．创建、删除、修改数据库的命令分别是什么？

二、编程题

1．Hive 数据定义编程练习。
（1）尝试创建表 1，其名字为 student，共有六列：number、name、sex、age、score。
（2）查看表 1 的结构。

（3）查看表 1 的详细属性。

（4）重命名表 1 为 students。

（5）在表 1 中新加一列 course 后再将其删除。

（6）删除表 1。

2．编程题。

现有一张数据库表，即 Student 表，如表 2-2 所示。

表 2-2 Student 表

Name	Course	Score
huango	Math	81
huango	English	87
huango	Computer	57
xuzheng	Math	89
xuzheng	English	92
xuzheng	Computer	83
wangbaoqiang	Math	78
wangbaoqiang	English	88
wangbaoqiang	Momputer	90
dengchao	Math	88
dengchao	Computer	58

请求出：

（1）用一条 HiveQL 语句查询出 Student 表中每门课都大于 80 分的学生姓名。

（2）用一条 HiveQL 语句查询出 Student 表中不及格成绩的学生姓名。

Project 3

项目3
基于DML的学员信息系统操作

本项目向读者展示了 Hive 数据操纵语言（Hive Data Manipulation Language）的使用。使用 DML 命令可以实现将已有数据导入 Hive 表，将查询的数据插入 Hive 表等操作。通过配置，还可以让 Hive 支持行级的更新和删除数据。

职业能力目标：

- 理解 Hive DML 的概念。
- 掌握 Hive load 装载数据操作。
- 掌握 Hive insert 命令的使用。
- 理解 Hive 的更新和删除操作。

项目 3
基于DML的学员信息系统操作

任务 1 学员数据装载

任务描述

此任务要求通过 load 命令将本地文件系统或 HDFS 文件系统下已有数据文件的内容导入 Hive 表中。

5-HiveQL 操作：
向表中装载数据

任务分析

Hive 作为分布式数据仓库，最常见的应用就是对已有的历史数据进行清洗和分析。清洗和分析数据之前应该把数据装载到 Hive 表中。此任务完成将数据导入相对应的 Hive 表。

必备知识

load 命令是 Hive 表中装载数据最常用的命令之一。Hive load 语句不会在加载数据的时候做任何转换工作，而是纯粹地把数据文件复制或移动到 Hive 表对应的地址。load 命令的语法如下：

load data [local] inpath 'filepath' [overwrite] into table tablename [partition (partcol1=val1, partcol2=val2, ...)]

Hive 3.0 之前的加载操作是纯数据复制/移动操作，可将数据文件移动到与 Hive 表对应的位置。注意：Hive 命令不区分大小写。load 命令语法中，主要关键字的说明如下：

1. local

这是一个可选的关键字，如果指定了关键字 local，则 load 命令将在本地文件系统中查找 filepath（文件路径）。如果指定了相对路径，则将相对于用户的当前工作目录进行解释。用户也可以为本地文件指定完整的 URI，如 file:///user/hive/project/data1。load 命令将尝试把 filepath 所寻址的所有文件复制到目标文件系统。通过查看表的 location 属性来推断目标文件系统，然后，复制的数据文件将移动到表中。

如果未指定关键字 local，则表示从 HDFS 文件系统移动数据到表或分区中。

2. filepath

filepath 表示文件路径，可以使用相对路径或绝对路径。相对路径的写法如 project/data1，绝对的道路写法如 /user/hive/project/data1。绝对路径可以带有 scheme 的完整 URI 和权限（或可选权限），例如，HDFS 文件系统的绝对路径可以写为 hdfs://namenode:9000/user/hive/project/data1，本地文件系统的绝对路径则可写为 file:///user/hive/project/data1。

加载的目标可以是表或分区。如果表已分区，则必须通过指定所有分区列的值来指定表的特定分区。

filepath 可以定位到一个文件，在这种情况下，Hive 会将文件移动到表中。filepath 也可以定位到一个目录，在这种情况下，Hive 会将该目录中的所有文件移动到表中。

3．overwrite

overwrite 也是一个可选的命令选项。如果使用 overwrite，则将删除目标表（或分区）的内容，并替换为 filepath 引用的文件，也就是新加载的内容会覆盖旧内容，否则 filepath 引用的文件将被追加到表中。

Hive 3.0 以后的版本支持其他加载操作，因为 Hive 在内部将加载重写为 insert as select。但是如果 table 具有分区，则 load 命令没有分区，负载将转换为 insert as select，并假设最后一组列是分区列。如果文件不符合预期的架构，则抛出错误。Hive 3.0 以后的新特性此处不做过多讲述，本项目中的任务操作都是基于 Hive 2.0 版本进行的。

4．partition (partcol1=val1, partcol2=val2, …)

这个命令选项也是可选的。对于分区表，可以通过指定该命令选项来选择导入所有数据或者部分分区的数据。

如果装载数据时指定了 partition 分区，但是目标分区目录不存在，那么系统会自动创建分区目录，然后将数据复制到该目录下；如果装载目标是非分区表，那么后面不应该有 partition 子句。

任务实施

1．启动 Hadoop 环境

因为 Hive 的运行依赖于 Hadoop 平台，因此首先需要登录 Linux 系统，执行 start-all.sh 命令启动 Hadoop，Hadoop 启动后使用 jps 命令查看进程，如图 3-1 所示。

```
[root@master data]# jps
4340 DataNode
4708 ResourceManager
4549 SecondaryNameNode
4246 NameNode
4808 NodeManager
19322 Jps
7535 RunJar
```

图 3-1　查看 Hadoop 的进程

2．启动 Hive 客户端

在命令行下运行 hive 命令，启动 Hive 客户端，之后完成数据导入操作。

3. 将学生信息装载到 Hive 表

1）在本地 Linux 文件系统的 /usr/data 目录下创建文件 student.dat，文件内容如下：

1001,zhangsan,20
1002,liutao,21
1003,lilei,19
1004,hanmeimei,20

三列数据分别表示学生的学号、姓名和年龄，各列之间使用逗号分隔。

2）运行以下命令创建 Hive 表 student_table：

create table student_table(sid int, sname string,sage int) row format delimited fields terminated by ',';

建表执行结构如图 3-2 所示。

```
hive> create table student_table(sid int,sname string,sage int)row format delimi
ted fields terminated by ',';
OK
Time taken: 3.61 seconds
```

图 3-2　创建 student_table 表

3）运行以下命令将本地文件系统的 student.dat 文件内容导入 student_table 表中：

load data local inpath '/usr/data/student.dat' into table student_table;

导入数据后的执行结果如图 3-3 所示。

```
hive> load data local inpath '/usr/data/student.dat' into table student_table;
Loading data to table default.student_table
[Warning] could not update stats.
OK
Time taken: 29.636 seconds
```

图 3-3　导入数据到 student_table 表后的执行结果

4）将 student.dat 文件上传到 HDFS 根目录下，并将 HDFS 下的 student.dat 文件再次导入 student_table 表中，代码如下：

hdfs dfs -put /usr/data/ student.dat hdfs://master:9000/
load data inpath 'hdfs://master:9000/student.dat' into table student_table;

> **小提示：**
>
> 使用 load 导入 HDFS 下的文件时需要去掉 local。

导入 HDFS 下的 student.dat 文件内容到表中，执行结果如图 3-4 所示。

```
hive> load  data inpath 'hdfs://master:9000/student.dat' into table student_tabl
e;
Loading data to table default.student_table
[Warning] could not update stats.
OK
Time taken: 25.278 seconds
```

图 3-4　导入 HDFS 下的文件到 student_table 表

5）通过 select 命令查看 student_table 表的内容会发现数据已经重复导入了两遍。查看 student_table 表的数据，如图 3-5 所示。

```
hive> select * from student_table;
OK
1001    zhangsan    20
1002    liutao      21
1003    lilei       19
1004    hanmeimei   20
1001    zhangsan    20
1002    liutao      21
1003    lilei       19
1004    hanmeimei   20
Time taken: 7.898 seconds, Fetched: 8 row(s)
```

图 3-5　查看 student_table 表的数据

> 💡 **小提示：**
>
> 通过图 3-5 可以看出，第二次导入数据是以追加方式导入的。如果需要先删除旧数据再导入数据，则可以在导入时使用 overwrite 关键字进行表中内容的覆盖。

6）使用 overwrite 重写方式导入数据。

导入命令如下：

load data inpath 'hdfs://master:9000/student.dat' overwrite into table student_table;

重新导入数据后，student_table 表的内容如图 3-6 所示。

```
hive> select * from student_table;
OK
1001    zhangsan    20
1002    liutao      21
1003    lilei       19
1004    hanmeimei   20
Time taken: 2.431 seconds, Fetched: 4 row(s)
```

图 3-6　使用 overwrite 方式导入数据后的 student_table 表的结果

> 💡 **小提示：**
>
> 导入 HDFS 文件系统下的文件内容到 Hive 表中，会自动剪切原文件，并将文件粘贴到 Hive 数据仓库的相关目录下。所以如果需要保留原文件，应注意自行复制并保留文件副本。从本地文件系统导入数据到 Hive 表中，执行的是复制文件操作，并将文件粘贴到 Hive 数据仓库相关目录下。

4．将学员银行交易数据导入 Hive 表

1）设计并创建 Hive 表。

在本地 Linux 文件系统的 /usr/data 目录下有学员的银行交易数据文件 bank.txt，文件部分内容如下：

```
6222021111002345678 中国工商银行 2018-12-10 14:30:00 1000.0
6222021122002341236 中国工商银行 2018-10-10 10:25:26 5000.0
6222021611024345672 中国工商银行 2018-11-15 11:02:20 500.0
6222021511005642278 中国工商银行 2018-11-10 14:45:30 1500.0
```

四列数据分别表示银行账号、银行名称、交易时间、交易金额，各列之间使用空格分隔。

将上述文件导入 Hive 表之前，需要设计并创建 Hive 表。对于表中的各个字段以及数据类型，需要注意以下事项：观察数据发现，第一列是数字，字段类型可以为 string，也可以为 bigint，如果写成 int 则会有问题，因为 int 表示的数据范围受限，此时数据就会显示为 null；第二列必须使用字符串（string）类型，第三列可以使用字符串（string）；第四列为 double 类型。建表语句如下：

```
create table bank_table(
id string comment ' 会员 ID',
bank_name string comment ' 银行名称 ',
create_time string comment ' 交易时间 ',
amount double comment ' 交易金额 '
) comment 'hive_sum 顶级应用 '
row format delimited fields terminated by ' '
lines terminated by '\n';
```

> **小提示：**
> 上述语句中，comment 是可选的注释，用于解释各列的含义。建表语句中需要指定各字段分隔符为空格，和 bank.txt 文件的分隔符保持一致，指定每行的结束符为 \n。

2）创建好表之后，接下来执行以下命令进行数据导入：

```
load data local inpath '/usr/data/ bank.txt' into table bank_table;
```

3）导入数据完毕后可以通过 select 命令查看前五行数据：

```
select  *  from bank_table limit 5;
```

5．将学员网上购物信息导入 Hive 表

已知学员在某网上购物平台的用户行为数据集 user.txt，数据集中共有七列，各列之间通过 \t 分隔，查看文件中的前五行数据，如图 3-7 所示。

```
[root@master data]# head -5 user.txt
1       10001082        285259775       1       4076    2014-12-08      河北
2       10001082        4368907         1       5503    2014-12-12      澳门
3       10001082        4368907         1       5503    2014-12-12      西藏
4       10001082        53616768        1       9762    2014-12-02      宁夏
5       10001082        151466952       1       5232    2014-12-12      四川
```

图 3-7　用户行为数据集中的前五行数据

各列含义如下：

第一列：编号（用于唯一标识一行）。

第二列：用户编号（用于唯一标识一个用户）。

第三列：商品 id（用于唯一标识一个商品）。

第四列：用户行为（包括浏览、收藏、加购物车、购买，对应取值分别是 1、2、3、4）。

第五列：商品分类（用于标识一类商品）。

第六列：表示该记录产生时间。

第七列：用户所属省份。

基于上面的数据集，完成以下分析操作：

1）Linux 本地文件系统中的 user.txt 上传到分布式文件系统 HDFS 的"/bigdatacase/dataset"，代码如下：

```
hdfs dfs -mkdir -p /bigdatacase/dataset
hdfs dfs -put /usr/local/bigdatacase/dataset/user_table.txt /bigdatacase/dataset
```

2）查看 HDFS 中 user.txt 的前十条记录：

```
hdfs dfs -cat /bigdatacase/dataset/user_table.txt | head -10
```

3）启动 Hive 客户端，在 Hive 中创建一个数据库 userdb，并使用此数据库，代码如下：

```
hive> create database userdb;
hive> use userdb;
```

4）在数据库 userdb 中创建一个外部表 bigdata_user，它包含字段（id、uid、item_id、behavior_type、item_category、visit_date、province），并关联到 HDFS 的 user_table.txt 文件，代码如下：

```
hive> create external table bigdata_user(id int,uid string,item_id string,behavior_type int,item_category string,visit_date date,province string) row format delimited fields terminated by '\t' stored as textfile location '/bigdatacase/dataset';
```

5）此时已经成功把 HDFS 中"/bigdatacase/dataset"目录下的数据加载到了数据仓库 Hive 中，接下来查询 bigdata_user 表中的前十行记录：

```
hive> select * from bigdata_user limit 10;
```

6）查看 bigdata_user 表的各种属性：

```
hive> show create table bigdata_user;
```

7）使用 describe（可以简写为 desc）命令查看表的基本结构：

```
hive> desc bigdata_user;
```

执行结果如图 3-8 所示。

```
OK
id                      int
uid                     string
item_id                 string
behavior_type           int
item_category           string
visit_date              date
province                string
Time taken: 0.267 seconds, Fetched: 7 row(s)
```

图 3-8　bigdata_user 表的基本结构

任务拓展

总结 load 命令都有哪些用法并举例说明。

项目3 基于DML的学员信息系统操作

任务2 学员手机信息数据的插入

任务描述

在任务1中完成了从HDFS文件系统或本地文件系统导入数据到Hive表,除了采用load命令将数据导入表中外,还可以通过查询已有表的数据并通过insert…select…语句插入Hive表。在实际的应用场景中,经常需要分析或清洗已有表中的数据,并将分析的中间结果或最终结果存储到新的Hive表,方便以后在可视化的任务中使用。此任务要求完成学员所使用的手机数据的分析,并将分析结果通过insert插入新建的表,为以后方便应用分析结果做好准备。

6-Hive 内部表和外部表的操作

任务分析

手机是人们日常生活中必不可少的工具。不同的厂商为了能够增加其销售量,不断研发不同类型、不同特点的手机产品。哪些品牌的手机销量比较高?手机颜色对于手机销量是不是有影响?屏幕尺寸越大的手机是不是卖得越好?为便于统计分析消费群体对手机品牌、型号、颜色、尺寸等的喜好程度,本次任务将基于学员手机信息数据,完成有效数据的提取并存储到Hive表中。

已知经过清洗后的手机信息数据存放在三个数据文件中,文件名分别为part-r-00000、part-r-00001、part-r-00002。这三个数据文件的内容格式相同,文件中数据分别为手机品牌、手机颜色和尺寸,三项信息通过竖线分隔,数据格式如图3-9所示。

```
小米(MI)|黑|5.99英寸
小米(MI)|黑|5.99英寸
小米(MI)|黑|5.99英寸
小米(MI)|黑|5.99英寸
小米(MI)|黑|5.99英寸
小米(MI)|黑|5.99英寸
小米(MI)|黑|5.99英寸
小米(MI)|黑|5.99英寸
小米(MI)|黑|5.99英寸
```

图3-9 手机数据文件格式

必备知识

当数据已经存在于HDFS上但还需要清洗,或者进行的分析计算步骤繁多且有必要存储中间结果数据,或者原数据没有分区、有很多无效列需要过滤的时候,可以使用insert…select…语句来完成这一转换过程。查询分析已有Hive表中的数据并插入新表中的语法如下:

语法1：

insert overwrite table tablename1 [partition (partcol1=val1, partcol2=val2 ...) [if not exists]] select_statement1 from from_statement;

语法2：

insert into table tablename1 [partition (partcol1=val1, partcol2=val2 ...)] select_statement1 from from_statement;
insert into table tablename1 [partition (partcol1=val1, partcol2=val2 ...)] (z,y) select_statement1 from from_statement;

以上两种语法的相同点是：

1）使用 insert...select... 语句插入数据时，查询的维度和插入的表的维度必须一样，才能够正常写入。

2）如果查询出来的数据类型和插入表格对应的列数据类型不一致，将会进行转换，但是不能保证转换一定成功。比如如果查询出来的数据类型为 int，插入表格对应的列类型为 string，则可以通过转换将 int 类型转换为 string 类型；但是如果查询出来的数据类型为 string，插入表格对应的列类型为 int，那么转换过程可能出现错误，因为字母不可以转换为 int，转换失败的数据将会为 null。

以上两种语法的不同点有：

1）insert into...select... 指查询出来的数据以插入方式追加到表中已有数据后面。

2）insert overwrite...select... 指删除原有数据后再新增数据，如果有分区，那么只会删除指定分区数据，其他分区数据不受影响。

Hive 的 insert 语句能够从查询语句中获取数据，并同时将数据插入目标表中。现在假定有一个已有数据的表 staged_employees（雇员信息全量表），所属国家 cnty 和所属州 st 是该表的两个属性，则可以通过以下语句将该表中的数据查询出来并插入另一个表 employees 中：

insert overwrite table employees
partition (country = ' 中国 ', state = ' 北京 ')
select * from staged_employees se
where se.cnty = ' 中国 ' and se.st = ' 北京 ';

由于使用了 overwrite 关键字，因此目标表中原来相同 partition 中的所有数据被覆盖，如果目标表中没有 partition，则整个表会被覆盖。

如果把 overwrite 关键字删掉，或者替换成 into，则 Hive 会追加而不是替代原分区或原表中的数据，这个特性在 Hive v0.8.0 之后才支持。

由于一个国家有很多个省份，如果要根据国家 country、地区 partition 两个维度对数据进行分区，则这条 SQL 语句的执行个数应该等于地区的数目。因此 Hive 对这个 SQL 语句进行了改造，只需要扫描一次原表就可以生成不同的输出（多路输出）。比如下面的 SQL 语句扫描了一次原始数据表，但是同时生成了三个省份的结果数据：

from staged_employees se
insert overwrite table employees
    partition (country = ' 中国 ', state = ' 河北省 ')
    select * where se.cnty = ' 中国 ' and se.st = ' 河北省 '

```
insert overwrite table employees
    partition (country = ' 中国 ', state = ' 陕西省 ')
    select * where se.cnty = ' 中国 ' and se.st = ' 陕西省 '
insert overwrite table employees
    partition (country = ' 中国 ', state = ' 河南省 ')
    select * where se.cnty = 'US' and se.st = ' 河南省 ';
```

通过缩进可以很清楚地看到，扫描了一次 staged_employees 表但是执行了三次不同的 insert 语句。这条 SQL 语句是这么执行的：先通过 staged_employees 表获取一条记录，然后执行每一条 select 子句，如果 select 子句验证通过，则执行相应的 insert 语句。注意：这里的三条 select 子句是完全独立执行的，并不是 if … then … else 的关系，这就意味着这三条 select 子句在某种情况下可能同时通过 where 检测。

通过这种结构，原始表的数据能被拆分到目标表的不同分区中去。

如果原表的一条记录满足于其中一个给定的 select … where … 子句，则该记录将被写到目标表的固定分区中。其实更进一步，每条 insert 语句都能将数据写到不同的数据表中，不管这个表是否分区都一样。

于是，就像一个过滤器一样，原表的一些数据被写到了很多输出地址，而剩下的数据会被丢弃。当然，也可以混用 insert overwrite 和 insert into 这两种不同的方法写出数据。

Hive 通过 insert overwrite 命令还可以将数据导出到本地文件系统或 HDFS，具体语法如下：

导出到本地文件系统：

`insert overwrite local directory ' 本地路径 ' row format delimited fields terminated by '\t' select … from …;`

导出到 HDFS：

`insert overwrite directory '/HDFS 路径 ' rowformat delimited fields terminated by '\t' select * from staff;`

还可以通过 Bash shell 的重定向符号将查询结果覆盖追加导出到本地文件系统，语法如下：

`$ bin/hive -e "select … from …" > / 本地路径`

任务实施

1）创建内部表存放原始数据，表名为 tbl_phone_data，表的列名和数据类型如图 3-10 所示。

```
| 列名             | 数据类型 |
| --------------- | ------- |
| fld_Brand_Name  | string  |
| fld_Phone_Color | string  |
| fld_Phone_Size  | string  |
```

图 3-10 tbl_phone_data 表的结构

create table tbl_phone_data (fld_Brand_Name string, fld_Phone_Color string, fld_Phone_Size string) row format delimited fields terminated by '|';

2）创建手机品牌销量查询表，表名为 tbl_brand_count，用于存储每种品牌手机的总销量，表的结构如图 3-11 所示。

```
| 列名            | 数据类型 |
| --------        | ----     |
| fld_Brand_Name  | String   |
| fld_Sale_Count  | int      |
```

图 3-11 tbl_brand_count 表的结构

建表语句如下：

create table tbl_brand_count(fld_Brand_Name string, fld_sale_count int);

3）创建手机颜色销量查询表，表名为 tbl_color_count，用于存储每种颜色的手机销售总量，表的结构如图 3-12 所示。

```
| 列名            | 数据类型 |
| --------        | ----     |
| fld_Phone_Color | String   |
| fld_Sale_Count  | int      |
```

图 3-12 tbl_color_count 表的结构

建表语句如下：

create table tbl_color_count(fld_phone_color string, fld_sale_count int);

4）创建手机屏幕尺寸销量查询表，表名为 tbl_size_count，用于存储每种屏幕尺寸的手机销售总量，表的结构如图 3-13 所示。

```
| 列名            | 数据类型 |
| --------        | ----     |
| fld_phone_size  | String   |
| fld_sale_count  | int      |
```

图 3-13 tbl_size_count 表的结构

建表语句如下：

create table tbl_size_count(fld_phone_size string, fld_sale_count int);

5）使用 load 命令将 part-r-00000、part-r-00001、part-r-00002 三个文件的数据导入原始表中。

load data inpath '/data/*' into table tbl_phone_data;

6）完成手机品牌销量查询，并将查询结果插入 tbl_brand_count 表。

insert overwrite table tbl_brand_count select fld_Brand_Name,count(1) as fld_sale_count from tbl_phone_data_1 group by fld_Brand_Name;

7）完成手机颜色销量查询，并将查询结果插入 tbl_color_count 表。

insert overwrite table tbl_color_count select fld_phone_color,count(1) as fld_sale_count from tbl_phone_data_1 group by fld_phone_color;

8）完成手机屏幕尺寸销量查询，并将查询结果插入 tbl_size_count 表。

insert overwrite table tbl_size_count select fld_phone_size,count(1) as fld_sale_count from tbl_phone_data_1 group by fld_phone_size;

任务拓展

往 Hive 表中插入数据时，使用 load 和 insert 有什么区别？

任务 3　学员信息数据的更新和删除

任务描述

Hive 作为分布式数据仓库，其主要功能是进行离线数据分析。但是在某些应用场景下，因为业务的需要可能需要对 Hive 表的数据进行更新（update）或删除（delete）操作。Hive 自 0.14 版本开始支持 update、delete 操作，以及普通数据插入（insert…values）操作，但是需要通过文件的配置才能支持。本次任务要求完成修改配置文件以让 Hive 支持更新、删除等操作，并实现职工数据的插入、更新和删除操作。

任务分析

本次任务要求修改 Hive 的配置文件，使得 Hive 支持数据 update、delete 以及 insert…values 操作。创建测试表和数据，并实现测试数据的插入。创建学员数据表并实现数据更新和删除操作。

必备知识

在某些应用场景下，因为业务的需要，希望 Hive 能够支持数据的更新和删除等操作。如果想让 Hive 支持 update、delete 或 insert…values 操作，那么 Hive 必须首先需要具有 ACID 语义事务的特征，并支持事务。如下几个场景都需要 Hive 支持 ACID 事务。

1．流式接收数据

许多用户使用诸如 Apache Flume、Apache Storm 或 Apache Kafka 这样的工具将流数据灌入 Hadoop 集群。当这些工具以每秒数百行的频率写入时，Hive 也许只能每 15min～1h 添加一个分区，因为过于频繁地添加分区，因此很快就会使一个表中的分区数量难以维护。另外这些工具还可能向已存在的分区中写数据，但是这样将会产生脏读（可能读到查询开始时间点以后写入的数据），还会在这些分区的所在目录中遗留大量小文件，进而给 NameNode 造成压力。在这种使用场景下，事务支持在获得数据的一致性视图的同时避免产生过多的文件。

2．数据维度变化

在一个典型的星形模式数据仓库中，维度表随时间的变化很缓慢。例如，一个零售商开了一家新商店，需要将新店数据加到商店表，或者一个已有商店的营业面积或其他需要跟踪的特性改变了。这些改变会导致插入或修改个别记录。从 Hive 0.14 版本开始，Hive 支持行级更新。

3．数据重述

有时，用户会发现数据集合有错误并需要更正，或者当前数据只是近似值（如只有全部数据的 90%，得到全部数据会滞后），再或者业务规则可能需要根据后续事务重述特定事务（如一个客户购买了一些商品后又购买了一个会员资格，此时可以享受折扣价格，包括先前购买的商品），又或者一个客户可能按照合同在终止了合作关系后要求删除他们的客户数据。从 Hive 0.14 开始，这些使用场景可以通过 insert、update 和 delete 支持。

如果一个表要实现 update 和 delete 功能，该表就必须支持 ACID，而支持 ACID，就必须满足以下条件：

1）表的存储格式必须是 orc（stored as orc）。
2）表必须进行分桶（clustered by (col_name, col_name, ...) into num_buckets buckets）。
3）table property 中，参数 transactional 必须设定为 true（tblproperties('transactional'='true')）。
4）必须修改 Hive 的配置文件 hive-site.xml，以支持事务操作。

对于远程模式安装的 Hive，Client 端和 Server 端分别进行如下配置：

Hive Client 端：

```
hive.support.concurrency – true
hive.enforce.bucketing – true
hive.exec.dynamic.partition.mode – nonstrict
hive.txn.manager – org.apache.hadoop.hive.ql.lockmgr.DbTxnManager
```

Hive Server 端：

```
hive.compactor.initiator.on – true
hive.compactor.worker.threads – 1
hive.txn.manager – org.apache.hadoop.hive.ql.lockmgr.DbTxnManager
<!-- 经过测试，服务端也需要设定该配置项 -->
```

对于本地模式或内嵌模式安装的 Hive，在 hive-site.xml 中添加以下配置，以实现支持事务操作：

```
<property>
    <name>hive.support.concurrency</name>
    <value>true</value>
</property>
<property>
```

项目3
基于DML的学员信息系统操作

```xml
        <name>hive.exec.dynamic.partition.mode</name>
        <value>nonstrict</value>
</property>
<property>
        <name>hive.txn.manager</name>
        <value>org.apache.hadoop.hive.ql.lockmgr.DbTxnManager</value>
</property>
<property>
        <name>hive.compactor.initiator.on</name>
        <value>true</value>
</property>
<property>
        <name>hive.compactor.worker.threads</name>
        <value>1</value>
</property>
```

任务实施

1．建立非分区表并加载数据

（1）创建 student 表

```
create table student(sid int, sname string,sage int,sdept string) row format delimited fields terminated by ',';
```

（2）向表中导入数据

```
load data local inpath '/home/stu.dat' into table student;
```

（3）查看表中数据

```
select * from student;
```

2．建立外部分区表并加载数据

（1）创建外部分区表 student_tx

```
create external table student_tx (sid int, sname string,sage int,sdept String) partitioned by (sdept string)
clustered by (id) into 8 buckets
stored as orc tblproperties ('transactional'='true');
```

> **小提示：**
> 注意，表的存储格式必须是 orc（stored as orc）；表必须进行分桶（clustered by (col_name, col_name, ...) into num_buckets buckets）；参数 transactional 必须设定为 true（tblproperties('transactional'='true'））。

（2）从 student 表中查询数据并插入 student_tx 表中

```
insert into student_tx partition (sdept) select * from student;
```

(3) 查看表中的数据

select * from student_tx;

(4) 向 student_tx 表中插入一条记录

insert into table student_tx partition (sdept) values (5,'tom',20,'Computer');

(5) 将学号为 3 的学生姓名更新为张三

update student_tx set name=' 张三 ' where sid=3;

(6) 删除姓名为李四的学生数据

delete from student_tx where sname=' 李四 ';

项\目\小\结

本项目介绍并实现了 Hive 的常用 DML 操作，包括通过 load 命令装载数据到 Hive 表，通过 insert… select… 语句将查询结果插入表，以及通过设置配置文件让 Hive 实现 update、delete 等操作。通过本项目的实施，学生应熟练掌握 Hive 的数据载入操作，为后续的项目操作打下基础。

课\后\练\习

一、简答题

1．Hive 中追加导入数据的方式有几种？请写出简要语法。

2．Hive 导出数据有几种方式？如何导出？

二、操作题

已知有某网站访问次数的数据文件 access.txt，文件内容包括用户名、月份、访问次数，三项数据以逗号分隔，如图 3-14 所示。

图 3-14　文件内容

请基于此文件，完成以下问题：

1．使用 HiveQL 创建外部表 t_access，表的结构和文件内容结构对应。

2．将 access.txt 文件的内容导入 t_access 表中。

3．查看表中的所有数据。

4．创建表 tmp_access，字段包括 name、mon、num。

5．将每个用户每月的访问次数统计结果插入 tmp_access 表中。

Project 4

项目4
企业信息管理数据查询与操作

本项目演示了应用 HiveQL 实现企业信息管理相关数据简单查询的语法及实现方法，演示了应用 HiveQL 实现多表连接查询、聚合查询、分组查询的语法及实现方法。

职业能力目标：

- 掌握用 select、where、order by 等 HiveQL 语句进行简单数据查询。
- 掌握 HiveQL 多表连接查询。
- 掌握聚合查询操作。
- 掌握用 group by 等子句进行数据统计查询。

项目 4 企业信息管理数据查询与操作

任务 1　查询员工基本信息

7-Hive 的分区表、桶表的创建和操作

任务描述

在公司信息管理系统中，所有员工和部门的基本信息都保存在 Hive 的员工信息表 employee 和部门信息表 department 中，新入职的数据管理员小刘需要为各部门提供各种数据信息。登录 Hive 后，小刘发现很多数据可以利用基本的 HiveQL 语句完成，比如查询所有员工信息、单独查看员工职位、将员工收入排序等。熟悉两张信息表后，小刘整理出如下数据字段：

员工信息表 employee 的字段：

employeeid：员工编号。

name：员工姓名。

job：职务。

id：编号。

hiredate：入职日期。

salary：工资。

bounty：奖金。

deptid：部门编号。

部门信息表 department 的字段：

deptid：部门编号。

position：岗位。

location：所在城市。

在本任务中，需要综合运行 HiveQL 语句创建员工信息表和部门信息表，并向表中导入数据。通过表的简单查询，获取所有员工的信息，或通过指定列、关键字查询等查询方式获取表中的信息。最后，使用 where、all、distinct、order by、limit 等关键字进行特殊查询，从而得到特定需求的员工信息。

任务分析

根据任务内容，本任务实施步骤如下：

1）创建员工信息表以及部门信息表。

2）导入员工数据表 employee.txt 和部门数据表 department.txt。

3）使用 select 语句进行全表查询。
4）查询员工数据表中指定列的信息。
5）对查询到的员工信息进行条件筛选、排序等操作。

必备知识

执行任务之前，需要先学习并掌握 HiveQL 进行查询的基本语法。

1．select 语句

select 语句是 HiveQL 中最基本的查询语句，其语法如下：

```
select [all | distinct] select_expr, select_expr, …
from table_reference
```

select_expr：可以是字段、表达式、函数等。

table_reference：指所查询数据的数据表。

（1）查询全表

若要查找的结果集中包括所有列，则可使用"*"号。语法格式如下：

```
select * from table_reference
```

（2）查询指定列

若要查询数据表中的某些列，则可在 select 关键字后列出列名。语法格式如下：

```
select column1, column2, column3… from table_reference
```

column1, column2, column3：所查询的列名。

（3）在 select 语句中使用其他关键字

在简单查询中，可以在 select 语句中使用关键字来优化查询，例如，用 as 进行别名查询。语法格式如下：

```
select column1 as name1 from table_reference
```

2．where 子句

where 子句是布尔表达式，使用 where 子句可以对查询进行过滤，查询的结果集只返回满足此表达式的记录。在 Hive 中，可以将运算符、函数和子查询等应用在 where 子句中。语法格式如下：

```
select [all | distinct] select_expr, select_expr, …
from table_reference
[where where_condition]
```

where_condition：where 子句中的条件筛选表达式。

在 where 子句中使用逻辑运算符，逻辑运算符用于逻辑表达式中，其返回值为 true、false 或 null。HiveQL 中常用的逻辑运算符见表 4-1。

表 4-1 HiveQL 中常用的逻辑运算符

操作符	含义
A and B	如果 A 和 B 都为 true，则返回 true
A or B	A 和 B 有任意一个为 true，或都为 true，则返回 true
not A	如果 A 为 false，则返回 true
[not] exists	如果子句返回至少一行，则为 true
A [not]in	如果 A 在列表中，则为 true

在 where 子句中可以使用关系运算符进行条件判断。常用的关系运算符见表 4-2。

表 4-2 常用的关系运算符

操作符	支持的数据类型	含义
A=B	基本数据类型	如果 A 等于 B，则返回 true
A<=>B	基本数据类型	如果 A 和 B 都为 null，则返回 true，其他的和等号（=）操作符的结果一致，如果任一个为 null，则结果为 null
A<>B A!=B	基本数据类型	A 或者 B 为 null，则返回 null；如果 A 不等于 B，则返回 true
A<B	基本数据类型	A 或者 B 为 null，则返回 null，如果 A 小于 B，则返回 true
A<=B	基本数据类型	A 或者 B 为 null，则返回 null，如果 A 小于或等于 B，则返回 true
A>B	基本数据类型	A 或者 B 为 null，则返回 null，如果 A 大于 B，则返回 true
A>=B	基本数据类型	A 或者 B 为 null，则返回 null，如果 A 大于或等于 B，则返回 true
A [not] between B and C	基本数据类型	如果 A、B 或者 C 任一个为 null，则结果为 null。如果 A 的值大于或等于 B 而且小于或等于 C，则结果为 true，反之为 false。如果使用 not 关键字，则可得到相反的效果
A is NULL	所有数据类型	如果 A 等于 null，则返回 true
A is not NULL	所有数据类型	如果 A 不等于 null，则返回 true
A [not] like B	string 类型	B 是一个 SQL 下的简单正则表达式，如果 A 与其匹配，则返回 TRUE，反之返回 FALSE。B 的表达式说明如下："x%"表示 A 必须以字母"x"开头，"%x"表示 A 必须以字母"x"结尾，而"%x%"表示 A 包含字母"x"，可以位于开头、结尾或者字符串中间。如果使用 not 关键字，则可得到相反的效果

3．all 和 distinct 子句

使用 all 和 distinct 子句可以返回全部记录或去除重复的记录。在 Hive 中，默认使用 all 返回所有查找记录，使用 distinct 返回无重复的记录。语法格式如下：

```
select [all | distinct] select_expr, select_expr, …
from table_reference
```

4．order by 子句

使用 order by 子句可以对结果集进行排序。语法格式如下：

```
select [all | distinct] select_expr, select_expr, …
from table_reference
[where where_condition]
[order by [asc | desc] col_list]
```

col_list：进行排序的字段。

asc (ascending)：升序（默认）。

desc (descending)：降序。

5．limit 子句

limit 子句限制返回记录的数量。使用时，尽量先对结果进行排序，再使用 limit 子句选取头几条记录。语法格式如下：

```
select [all | distinct] select_expr, select_expr, …
from table_reference
[order by [asc | desc] col_list]
[limit rows]
```

rows：限制显示的行数。

任务实施

1）准备任务实施环境。

启动 Hadoop：

```
start-all.sh
```

进入 Hive 客户端：

```
hive
```

数据准备：

首次登录 Hive 系统时，需要在 Hive 中创建表，并加载实验用数据文件 employee.txt 和 department.txt。登录 Linux 系统，将下载的数据文件存放在相应目录下，这里用"./"表示当前目录。

进入 hive，创建员工表：

```
create table employee(
employeeid int,
name string,
job string,
id string,
hiredate date,
salary decimal(7,2),
bounty decimal(7,2),
depid int);
```

将数据信息导入员工信息表：

```
load data local inpath "./employee.txt" OVERWRITE INTO TABLE employee;
```

用相同的方法创建部门信息表，并将数据导入部门信息表：

```
create table department(
depid int,
position string,
location string);
load data local inpath "./department.txt" OVERWRITE INTO TABLE department;
```

2）查看员工信息表，如图 4-1 所示。

```
hive> select * from employee;
OK
7369    SMITH   CLERK   7902    1981-6-9        800.0   NULL    20
7499    ALLEN   SALESMAN        7698    1981-11-17      1600.0  300.0   30
7521    WARD    SALESMAN        7698    1982-1-23       1250.0  500.0   30
7566    JONES   MANAGER 7839    1980-12-17      2975.0  NULL    20
7654    MARTIN  SALESMAN        7698    1981-4-2        1250.0  1400.0  30
7698    BLAKE   MANAGER 7839    1987-4-19       2850.0  NULL    30
7782    CLARK   MANAGER 7839    1987-5-23       2450.0  NULL    10
7839    KING    PRESIDENT       NULL    1980-12-3       5000.0  NULL    10
7844    TURNER  SALESMAN        7698    1983-11-22      1500.0  0.0     30
7900    JAMES   CLERK   7698    1984-3-11       950.0   NULL    30
7902    FORD    ANALYST 7566    1987-10-09      3000.0  NULL    20
7934    MILLER  CLERK   7782    1981-2-13       1300.0  NULL    10
Time taken: 1.204 seconds, Fetched: 12 row(s)
```

图 4-1　查询“员工信息表”中所有员工的信息

3）在“员工信息表”中查询员工姓名、入职日期和工资，如图 4-2 所示。

```
hive> select name, hiredate, salary from employee;
OK
SMITH   1981-6-9        800.0
ALLEN   1981-11-17      1600.0
WARD    1982-1-23       1250.0
JONES   1980-12-17      2975.0
MARTIN  1981-4-2        1250.0
BLAKE   1987-4-19       2850.0
CLARK   1987-5-23       2450.0
KING    1980-12-3       5000.0
TURNER  1983-11-22      1500.0
JAMES   1984-3-11       950.0
FORD    1987-10-09      3000.0
MILLER  1981-2-13       1300.0
Time taken: 0.342 seconds, Fetched: 12 row(s)
```

图 4-2　查询员工姓名、入职日期和工资

4）查询员工姓名和工资，用“n”表示姓名，用“s”表示工资，如图 4-3 所示。

```
hive> select name as n, salary as s from employee;
```

图 4-3　使用 as 关键字进行别名查询

5）查询工资大于 1000 元、部门编号为 10 的员工信息，如图 4-4 所示。

```
hive> select * from employee where salary>1000 and deptid=10;
OK
7782    CLARK   MANAGER 7839    1987-5-23       2450.0  NULL    10
7839    KING    PRESIDENT       NULL    1980-12-3       5000.0  NULL    10
7934    MILLER  CLERK   7782    1981-2-13       1300.0  NULL    10
Time taken: 0.636 seconds, Fetched: 3 row(s)
```

图 4-4　使用 where 子句查询工资大于 1000、部门编号为 10 的员工信息

6）查询工资大于 1500 元的员工姓名，如图 4-5 所示。

```
hive> select name, salary from employee where salary>1500;
OK
ALLEN   1600.0
JONES   2975.0
BLAKE   2850.0
CLARK   2450.0
KING    5000.0
FORD    3000.0
Time taken: 0.56 seconds, Fetched: 6 row(s)
```

图 4-5　使用 where 子句查询工资大于 1500 元的员工姓名

7）查询 1981 年出生的员工信息，如图 4-6 所示。

```
hive> select * from employee where hiredate like '1981%';
OK
7369    SMITH   CLERK   7902    1981-6-9        800.0   NULL    20
7499    ALLEN   SALESMAN        7698    1981-11-17      1600.0  300.0   30
7654    MARTIN  SALESMAN        7698    1981-4-2        1250.0  1400.0  30
7934    MILLER  CLERK   7782    1981-2-13       1300.0  NULL    10
Time taken: 0.791 seconds, Fetched: 4 row(s)
```

图 4-6　使用 like 关键字和模糊查询查找 1981 年出生的员工的信息

8）查询“员工信息表”中共有多少种职务。查询种类可以用 distinct 关键字来实现。

```
select distinct job from employee;
```

9）从“员工信息表”中查询工资最高的五个员工的信息。可以使用 order by 和 limit 两种关键字来实现，此任务要求查询工资最高的员工信息，可以先对字段进行由高到低的排序，这里使用 desc 关键字。

```
select * from employee order by salary desc limit 5;
```

任务拓展

从员工信息表和部门信息表里查询员工姓名和其职务，在一个查询结果里实现。

任务 2　多表连接查询员工信息

任务描述

本任务主要介绍基本 HiveQL 语句，根据特定任务需求对不同的表进行跨表查询、多表连接查询等操作。

任务分析

1）跨表查询员工信息和部门信息。

2）查询员工信息表中的所有员工信息与其部门信息。

必备知识

连接查询又称关联查询，使用 join 语句可以关联两张或多张表，通常通过 on 设置连接条件。与 SQL 语句不同的是，Hive 只支持等值连接，不支持非等值连接。join 语句的语法格式如下：

```
select [all | distinct] select_expr, select_expr, …
from table_reference [inner] join table_factor [join_condition]
| table_reference {left|right | full} [outer] join table_reference [join_condition]
```

table_reference：主表、从表。

join_condition：连接条件。

（1）内连接

内连接只返回连接的表中都符合连接条件的数据。

（2）左外连接

使用左外连接时，join 关键字左边的表为主表，另一张表为从表。查询将返回主表中符合查询条件的记录。

（3）右外连接

使用右外连接时，join 关键字右边的表为主表，另一张表为从表。查询将返回主表中符合查询条件的记录。

（4）全连接

返回所有表中符合 where 语句条件的所有记录。如果任一表的指定字段没有符合条件的值，那么就使用 null 值替代。

任务实施

1）准备任务实施环境。

启动 Hadoop：

```
start-all.sh
```

进入 Hive 客户端：

```
hive
```

数据准备：

若未加载数据，则需要先创建数据表，并导入数据，具体操作请参考任务 1 "任务实施"中的准备任务实施环境部分。

2）从"员工信息表"和"部门信息表"中查询员工姓名和职务。将两张表连接，然后查询信息，需要用 join 语句来实现：

```
select e.name, d.position from employee e join department d on e.deptid=d.deptid;
```

3）从"员工信息表"和"部门信息表"中查询员工姓名、职务和所在地区，其中"员工信息表"为主表：

```
select e.name, d.position, d.location from employee e left join department d on e.deptid=d.deptid;
```

4）从"员工信息表"和"部门信息表"中查询员工姓名、职务和入职日期，其中"员工信息表"为主表：

```
select e.name, d.position, e.hiredate from department d right join employee e on e.deptid=d.deptid;
```

5）从"员工信息表"和"部门信息表"中查询员工姓名、职务和入职日期，其中"员工信息表"为主表：

```
select e.name, d.position, e.hiredate from department d full join employee e on e.deptid=d.deptid;
```

任务拓展

使用内连接、左外连接、右外连接三种连接方式查询员工信息表和部门信息表的所有内容，以 deptid 字段为索引查询，再通过查看结果表的字段长度比较三种表的结果。

任务 3 基于聚合函数的员工信息查询

任务描述

财务部门每月都要统计员工平均工资、最高和最低工资的人员信息，每半年还要统计在职员工人数，有时还要为各部门统计此类信息。小刘分析业务需求后发现，HiveQL 中提供了聚合函数来计算字段的平均数、最大值和最小值等。

任务分析

1）使用聚合函数 count() 查询经理岗位人数。
2）使用聚合函数 avg() 函数查询平均工资。
3）使用聚合函数 max()、min() 函数查询工资中的最大值、最小值。
4）使用聚合函数 sum() 函数查询工资总额。

必备知识

数据聚合是按照特定条件将数据整合并表达出来，以总结出更多的组信息。Hive 包含内建的一些基本聚合函数，如 max()、min()、avg() 等，见表 4-3。

表 4-3　聚合函数

函数名	含义
count(*)	count(*) 返回检索到的行的总数，包括含有 null 值的行
sum([distinct] col)	对组内某列求和（包含重复值或不包含重复值）
avg([distinct] col)	对组内某列元素求平均值者（包含重复值或不包含重复值）
min(col)	返回组内某列的最小值
max(col)	返回组内某列的最大值

1．count( ) 函数

count() 函数返回检索到的行的总数，包括含有 null 值的行。

2．avg( ) 函数

avg() 函数返回检索到的行的总数，包括含有 null 值的行。

3．max( ) 函数

max() 函数返回组内某列的最大值。

4．min( ) 函数

min() 函数返回组内某列的最小值。

5．sum( ) 函数

sum() 函数对组内某列求和（包含重复值或不包含重复值）。

任务实施

1）准备任务实施环境：

启动 Hadoop：

start-all.sh

进入 Hive 客户端：

hive

数据准备：

若未加载数据，则需要先创建数据表，并导入数据，具体操作请参考任务 1 "任务实施"中的准备任务实施环境部分。

2）查询经理岗位有多少人：

查询某列的数量，可以通过 count() 函数来实现：

select count(job) from employee where job='MANAGER';

3）查询"员工信息表"中员工的平均工资：

查询平均值，可以调用 avg() 来实现：

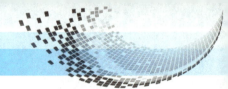

```
select avg(salary) from employee;
```

4)查询"员工信息表"中每个岗位的最高工资,查询最大值可以调用 max() 函数来实现:

```
select e.job, max(e.salary) from employee e group by e.job;
```

5)查询"员工信息表"中每个部门的最低工资,查询最小值可以调用 min() 函数来实现:

```
select deptid, min(salary) from employee group by deptid;
```

6)查询"员工信息表"中每个岗位的工资和,计算某列的和,可以用 sum() 函数来实现:

```
select job, sum(salary) from employee group by job;
```

任务拓展

使用多个聚合函数,查询经理岗位的平均工资。

任务 4　基于分组的员工信息查询

任务描述

在公司中,小刘有时要为各部门提供相似的信息,比如为每个部门提供总工资和平均工资信息,有时在这些查询到的信息基础上还要提供收入排序、员工职位信息等。对这些需求,小刘发现可以对员工信息表和部门信息表进行分组查询来实现。

任务分析

首先使用分组查询查询员工平均工资大于 2000 元的部门;然后在此基础上,对员工工资进行排序。

必备知识

1. group by 分组查询

在 Hive 中,group by 语句通常会和聚合函数一起使用,按照一个或者多个列队结果进行分组,然后对每个组执行聚合操作。语法格式如下:

```
select [all | distinct] select_expr, select_expr, …
from table_reference
[group by col_list]
```

2．having 子句

having 子句对 group by 的查询结果进行筛选。与 where 子句不同的是，having 子句只用于 group by 分组统计语句。语法格式如下：

```
select [all | distinct] select_expr, select_expr, …
from table_reference
[group by col_list]
[having having_condition]
```

任务实施

1）准备任务实施环境：

启动 Hadoop：

```
start-all.sh
```

进入 Hive 客户端：

```
hive
```

数据准备：

若未加载数据，则需要先创建数据表并导入数据，具体操作请参考任务 1 "任务实施"中的准备任务实施环境部分。

2）查询员工平均工资大于 2000 元的部门，如图 4-7 所示。

```
hive> select deptid, avg(salary) from employee
    > group by deptid
    > having avg(salary)>=2000;
```

图 4-7　使用 group by 子句查询员工平均工资大于 2000 元的部门

3）在上述查询的基础上，对该部门员工信息根据工资进行排序：

```
select deptid, avg(salary) from employee
group by deptid
having avg(salary)>=2000
order by salary desc;
```

任务拓展

在上述查询的基础上对员工工资进行排序，取工资排前五名的员工，并提供其完整的员工信息。

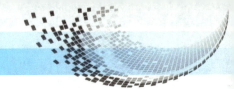

项目小结

本项目主要学习使用 HiveQL 语句进行数据查询的操作，掌握简单查询、连接查询、聚合函数和分组查询等操作。通过本项目，读者应该了解基本的查询操作，掌握查询语句的语法规则，能够通过综合的查询语句进行复杂查询，为后面更加深入地应用 Hive 打下基础。

课后练习

一、填空题

1．在 HiveQL 语句中，_____是全局排序，而_____是分区内部排序。
2．关键字 exists 的作用是_____。
3．关键字 all 的作用是_____。
4．_____函数返回组内某列的最大值。
5．在 HiveQL 查询语句中，_____可对指定列进行升序排序，_____进行降序排列。

二、程序题

创建学生管理系统，其中包括：学生表 Student(S_id,S_name,S_birth,S_sex)——学生编号、学生姓名、出生年月、学生性别；课程表 Course(C_id,C_name)——课程编号、课程名称；成绩表 Score(S_id,C_id,S_score)——学生编号、课程编号、分数。

运用本项目所学知识，查询如下信息：

1．查询姓"张"学生的信息。
2．查询语文成绩大于 90 分的学生信息。
3．查询所有学生的英语、数学成绩。
4．查询每位学生的姓名、学号，并统计每位学生的总分。
5．查询总分前五名的学生信息。

Project 5

项目5
网上商城购物数据统计和优化

本项目演示了应用视图和索引实现网上购物数据统计和优化的方法，通过创建和操作 Hive 视图实现海量网购数据的分析，以及通过创建和应用 Hive 索引来提高数据查询的效率。

职业能力目标：

- 掌握优化数据表结构的方法。

- 掌握应用视图完成海量数据查询的简化方法。

- 掌握应用索引加快数据查询速度的方法。

项目 5
网上商城购物数据统计和优化

任务 1　视图实现统计 30 万条网购数据

◆ 任务描述

用户在某网上商城购物时留下的数据，对于商城来说是十分有价值的，一般会定期进行统计分析，发现数据中蕴含的价值。小赵刚入职该网上商城所属公司，公司技术主管要求他把从网上商城收集的 2014 年 11 月、12 月的购物行为数据（包含了 30 万条数据记录）进行统计分析，获取对公司有决策价值的信息。为了保证数据查询的高效性和方便性，要求小赵使用视图技术进行完成。

◆ 任务分析

首先由于数据量过大，可以通过创建视图来减少数据量的操作，从而提高工作效率。然后对商城的用户购物行为数据字段内容进行分析，发现数据的主要字段如下：

uid：用户 id。

itemid：商品 id。

behaviour_type：包括浏览、收藏、加购物车、购买，对应取值分别是 1、2、3、4。

item_category：商品分类。

visit_data：记录产生时间。

名字段以逗号进行分隔，如图 5-1 所示。

```
10001082,285259775,1,4076,2014-12-08 18
10001082,4368907,1,5503,2014-12-12 12
10001082,4368907,1,5503,2014-12-12 12
10001082,53616768,1,9762,2014-12-02 15
10001082,151466952,1,5232,2014-12-12 11
10001082,53616768,4,9762,2014-12-02 15
10001082,290088061,1,5503,2014-12-12 12
10001082,298397524,1,10894,2014-12-12 12
10001082,32104252,1,6513,2014-12-12 12
10001082,323339743,1,10894,2014-12-12 12
```

图 5-1　数据字段

数据包含着 11 月份和 12 月份的信息，根据业务需求，需要将 11 月份和 12 月份的数据单独统计分析，此时可以使用视图将数据拆分成 11 月和 12 月两份数据，然后单独对每个月的数据进行业务分析。

要实现对这些数据的分析，小赵根据目前市场上比较流行的数据分析工具和技术，选用了 Hive 这个数据仓库系统。又因为 Hive 作为 Hadoop 的生态系统组件，需要依赖 Hadoop 进行数据存储和计算，所以需要做一些准备工作：首先需要准备好工作环境（JDK+Hadoop+Hive），之后启动 Hadoop 和 Hive，并检查是否可以正常工作。当环境问题已经确保没有问题时，下一步就需要准备 Hive 数据仓库，根据对应的数据字段创建表，并导入数据，以及验证数据仓库是否可以用于统计分析。前面已经说明，由于数据量比较大，在统计分析数据时创建视图十分有必要，这里根据之前提供的需求创建 11 月份的数据视图和 12 月份的数据视图，以用于统计分析工作。当完成视图创建后，可以根据业务需求进行视图操作，如查询、更新、删除等操作。

必备知识

1．视图概述

视图是由从数据库的基本表中选取出来的数据组成的逻辑窗口，与基本表不同，它是一个虚表。在数据库中，存放的只是视图的定义，而不存放视图包含的数据项，数据项仍然存放在原来的基本表结构中。视图可以被定义为多个表的连接，也可以被定义为只有部分列可见，也可以为部分行可见。

视图只有定义，没有相应的物理结构：在 Hive 中，只有在 MetaStore 中有和 HDFS 的映射关系，而在 HDFS 中找不到对应的文件夹。

2．视图的作用和特点

视图的作用：
1）可以简化数据查询语句。
2）可以使用户能从多角度看待同一数据。
3）可以提高数据的安全性。
4）视图提供了一定程度的逻辑独立性。

视图的特点：

通过引入视图机制，用户可以将注意力集中在其关心的数据上（而非全部数据），这样就大大提高了用户效率与用户满意度。而且如果这些数据来源于多个基本表结构，或者数据不仅来自于基本表结构，还有一部分数据来源于其他视图，并且搜索条件又比较复杂，那么需要编写的查询语句就会比较烦琐，此时定义视图就可以使数据的查询语句变得简单可行。

定义视图可以将表与表之间复杂的操作连接和搜索条件对用户不可见，用户只需要简单地对一个视图进行查询即可，故增加了数据的安全性，但不能提高查询效率。

当查询变得长或复杂的时候，使用视图可将这个查询语句分成多个小的、更可控的片段来降低复杂度，同在编程语言中使用函数或者在软件设计中使用分层设计的思想是一致的。

3．视图创建

视图就相当于表的一个延伸，对 Hive 表的各种操作在视图上都有，可基于表来创建视图。

（1）语法介绍

```
create view [if not exists] view_name [(column_name [comment column_comment], …) ]
[comment table_comment]
as select …
```

create view+ 视图名称 +as select（查询的内容）是创建视图的常用方式。其他参数可以省略，根据需要添加。

（2）创建视图的准备工作

创建 films 表，该表有 name（电影名称）、dates（上映日期）、prince（票房）三个字段，字段以“,”分隔，数据存储路径为“/user/film”，代码如下：

```
create external table films(name string,dates string,prince int) row format delimited fields terminated by ','
location'/user/film';
```

导入数据，将数据上传到 HDFS“/user/film”下：

```
hadoop fs -put /data/dataset/film_log3.log /user/film/
```

查看 films 表数据的结果，如图 5-2 所示。

```
hive> select * from films limit 5;
OK
《不爱不散》	2014.1.10	52
《顺风车》	2015.6.5	85
《小门神》	2016.1.1	188
《百变爱人》	2014.4.11	71
《睡在我上铺的兄弟》	2016.4.1	49
Time taken: 1.177 seconds, Fetched: 5 row(s)
```

图 5-2　查看 films 表数据的结果

（3）创建视图

将 films 表中 2014 年的所有信息创建成视图 films_date：

```
create view films_date as select * from films where dates like'2014%';
```

查询创建后的视图，如图 5-3 所示。

```
hive> select * from films_date limit 5;
OK
《不爱不散》	2014.1.10	52
《百变爱人》	2014.4.11	71
《熊出没之年货》	2014.1.30	107
《床下有人2》	2014.8.22	39
《后会无期》	2014.7.24	117
Time taken: 0.343 seconds, Fetched: 5 row(s)
```

图 5-3　查询创建后的视图

4．视图更新

（1）语法

```
alter view view_name as select …
```

（2）更新视图

修改原来的视图内容为 2015 年的前 10 条数据：

```
alter view films_date as select * from films where dates like'2015%' limit 10;
```

查询修改后的结果，如图 5-4 所示。

```
hive> select * from films_date;
OK
《顺风车》        2015.6.5        85
《情剑》          2015.8.7        172
《烈日灼心》      2015.8.27       204
《天各一方》      2015.10.9       131
《小时代4：灵魂尽头》     2015.7.9        65
《刺客聂隐娘》    2015.8.27       148
《万万没想到》    2015.12.18      160
《重返20岁》      2015.1.8        179
《神探驾到》      2015.2.6        36
《天将雄师》      2015.2.19       150
Time taken: 0.361 seconds, Fetched: 10 row(s)
```

图 5-4　查询修改后的结果

5．视图删除

（1）语法

```
drop view view_name
```

（2）删除视图

删除之前创建的视图 films_date：

```
drop view films_date;
```

6．视图查询优化

视图是对一个查询的结果进行第二次查询处理，即这个视图所定义的查询语句将和用户的查询语句组合在一起，然后供 Hive 制订查询计划。可以想象为 Hive 先执行这个视图，然后使用这个结果进行后续的查询。所以视图的查询优化也是根据这个原理来操作的。

（1）降低查询的复杂程度

查询语句有时候很长、很复杂，这时就可以将查询语句分成多个小的、可控制的存储片段来降低复杂度，这和编程语言中的函数、面向对象或者软件设计中分层的设计概念是一样的。

封装复杂的部分可以使最终用户通过重用重复的部分来构建复杂的查询。下面通过一个例子进行介绍。

有两个表 student 和 score，要通过这两个表查询某个同学的成绩，代码如下：

```
from (
select * from student join score
on(score.student_id=student.id)where name='zhangsan'
) a select score where a.id=3;
```

这个 Hive 语句中有多层嵌套，现在将其改写成一个视图：

```
create view  stduent_join as
select from student join score on(score.student_id=student.id) where name e='zhangsan'
```

现在可以对这个视图进行查询，这样就大大简化了查询语句：

```
select score from stduent_join where id=3
```

（2）条件限制过滤数据

当数据量特别大时，通常情况下，业务的查询是对某几个字段或者某方面的数据作查询分析。因此，当查询的时候，可以先将这部分数据存储为视图，然后对这部分数据进行统计分析。

任务实施

1. 准备任务实施环境

1）启动 Hadoop：

```
start-all.sh
```

2）进入 Hive 客户端：

```
hive
```

2. 数据仓库及数据准备

1）创建存放网上商城购物数据的表 useraction：

```
create external table useraction(uid int, itrmid int, behaviour_type int, item_category int, visit_data string) row format delimited fields terminated by ',' location'/user/action';
```

2）把准备的 small_user.csv 数据上传到 HDFS 系统中，以备使用。

将数据上传到 HDFS “/user/action” 下：

```
hadoop fs -put /data/dataset/small_user.csv  /user/action/
```

3）查看 useraction 表数据的结果，如图 5-5 所示。

```
hive> select * from useraction limit 10;
OK
10001082        285259775       1       4076    2014-12-08 18
10001082        4368907 1       5503    2014-12-12 12
10001082        4368907 1       5503    2014-12-12 12
10001082        53616768        1       9762    2014-12-02 15
10001082        151466952       1       5232    2014-12-12 11
10001082        53616768        4       9762    2014-12-02 15
10001082        290088061       1       5503    2014-12-12 12
10001082        298397524       1       10894   2014-12-12 12
10001082        32104252        1       6513    2014-12-12 12
10001082        323339743       1       10894   2014-12-12 12
```

图 5-5　查看 useraction 表数据的结果

3. 将用户信息表按照月份创建视图

1）根据需求将 useraction 表中 2014 年 11 月份的所有信息创建成视图 action_month11：

```
create view action_month11 as select * from useraction where visit_data like'2014-11%';
```

查询创建后的 2014 年 11 月份的视图，如图 5-6 所示。

```
hive> select * from action_month11 limit 10;
OK
10001082        9947871 1       2825    2014-11-28 20
10001082        97441652        1       10576   2014-11-20 21
10001082        266188611       1       10223   2014-11-20 19
10001082        195429067       1       10576   2014-11-20 21
10001082        167022568       1       10576   2014-11-20 21
10001082        266188611       1       10223   2014-11-20 19
10001082        148581898       1       7229    2014-11-24 17
10001082        200101228       1       6513    2014-11-28 20
10001082        266188611       1       10223   2014-11-20 19
10001082        266188611       1       10223   2014-11-20 19
Time taken: 0.333 seconds, Fetched: 10 row(s)
```

图 5-6　查询 2014 年 11 月份的视图

2）同理，创建 2014 年 12 月份的视图 action_month12：

```
create view action_month12 as select * from useraction where visit_data like'2014-12%';
```

查询创建后 2014 年 12 月份的视图，如图 5-7 所示。

```
hive> select * from action_month12 limit 10;
OK
10001082        285259775       1       4076    2014-12-08 18
10001082        4368907 1       5503    2014-12-12 12
10001082        4368907 1       5503    2014-12-12 12
10001082        53616768        1       9762    2014-12-02 15
10001082        151466952       1       5232    2014-12-12 11
10001082        53616768        4       9762    2014-12-02 15
10001082        290088061       1       5503    2014-12-12 12
10001082        298397524       1       10894   2014-12-12 12
10001082        32104252        1       6513    2014-12-12 12
10001082        323339743       1       10894   2014-12-12 12
Time taken: 0.336 seconds, Fetched: 10 row(s)
```

图 5-7　查询 2014 年 12 月份的视图

4．实现 action_month11 和 action_month12 的业务操作

1）查看刚刚创建的所有业务视图：

```
show views;
```

可以看到刚创建的两个视图，如图 5-8 所示。

```
hive> show views;
OK
action_month11
action_month12
Time taken: 0.075 seconds, Fetched: 2 row(s)
```

图 5-8　刚创建的两个视图

2）查看网购数据 11 月份的视图属性：

```
desc action_month11;
```

如图 5-9 所示。

```
hive> desc action_month11;
OK
uid                     int
itrmid                  int
behaviour_type          int
item_category           int
visit_data              string
Time taken: 0.116 seconds, Fetched: 5 row(s)
```

图 5-9　查看 11 月份的视图属性

从属性中可以查看表的字段信息。

3）更新 12 月份的视图。

由于业务发生变化，因此需要更细粒度的统计分析，这里需要对 2014 年 12 月 12 日的数据进行统计分析。

将网购数据 12 月份的 action_month12 视图进行修改：

```
alter view action_month12 as select * from useraction where visit_data like'2014-12-12%';
```

查询修改后 12 月份网购数据的视图，如图 5-10 所示。

```
hive> select * from action_month12 limit 10;
OK
10001082        4368907 1       5503    2014-12-12 12
10001082        4368907 1       5503    2014-12-12 12
10001082        151466952       1       5232    2014-12-12 11
10001082        290088061       1       5503    2014-12-12 12
10001082        298397524       1       10894   2014-12-12 12
10001082        32104252        1       6513    2014-12-12 12
10001082        323339743       1       10894   2014-12-12 12
10001082        396795886       1       2825    2014-12-12 12
10001082        266563343       1       5232    2014-12-12 11
10001082        151466952       1       5232    2014-12-12 11
Time taken: 0.245 seconds, Fetched: 10 row(s)
```

图 5-10　查询修改后 12 月份网购数据的视图

4)删除网购业务数据视图。

使用完成后,后续的业务不需要使用该视图,直接删除即可:

drop view action_month11;
drop view action_month12;

查看视图是否还存在,如图 5-11 所示。

```
hive> show views;
OK
Time taken: 0.063 seconds
```

图 5-11　查看视图是否还存在

任务拓展

1. 对 2014 年 12 月份的具有购买、浏览行为的用户作视图处理。
2. 对 2014 年 11、12 月份的具有购买行为的用户作视图对比处理。

任务 2　网购数据索引前后的效率对比

任务描述

对 2014 年 11、12 月份的约 30 万条数据记录进行统计分析,数据量是很大的,而在实际的应用中,可能要对某一年甚至某几年的数据进行统计分析,以更精准地获取对公司有决策价值的信息。公司要求小赵使用索引技术完成。

任务分析

由于数据量过大,因此可以通过建立索引来快速查询数据,从而提高查询速度。

必备知识

1. 索引的概念

索引是对数据库表中一列或多列的值进行排序的一种结构,可快速访问数据库表中的特定信息。如果想按特定职员的姓来查找,则与在表中搜索所有的行相比,索引有助于更快地获取信息。

索引可对特定的数据进行标记(一列或者多列)。通过索引对特定的数据查询,可以在最小的开销下加速对数据的搜索。

2. 索引建立过程

在指定列上创建索引,会产生一张索引表(Hive 的一张物理表),里面的字段包括索引列的值、该值对应的 HDFS 文件路径、该值在文件中的偏移量。

执行索引查询时首先会生成一个 MR job，根据对索引列的过滤条件，从索引表中过滤出索引列的值对应的 HDFS 文件路径及偏移量，并输出到 HDFS 文件中。然后根据这些文件中的 HDFS 路径和偏移量，筛选原始 input 文件，生成新的 split，作为整个 job 的 split，这样就提高了效率。

3．索引的作用

1）提升操作的效率。Hive 的索引可以建立在某些列上，从而减少任务中数据块的读取量。

2）某些情况下，索引的使用优于分区。在可预见到分区数据量特别大的情况下，使用索引会更好。

3）索引可以提高 Hive 表指定列的查询速度。

4）索引可以避免全表扫描和资源浪费，还可以加快含有 group by 语句的查询的计算速度。

4．索引创建

创建索引是基于表来实现的。创建索引就是在表的特定列上创建指针。

（1）语法介绍

```
create index index_name
on table base_table_name (col_name, …)
AS 'index.handler.class.name'
[with deferred rebuild]
[idxproperties (property_name=property_value, …)]
[in table index_table_name]
[partitioned by (col_name, …)]
[
  [ row format … stored as …
  | stored by …
]
[location hdfs_path]
[tblproperties (…)]
[comment "index comment"]
```

create index+ 索引名 +on table+ 查询的表名（查询字段名称）+as 'index.handler.class.name' 是常用的索引创建方式。其他参数可以省略，也可根据具体的需求添加。

（2）创建索引的前提准备

创建 films 表，包括 name（电影名称）、dates（上映日期）、prince（票房）三个字段，字段之间以","分隔，数据存储路径为"/user/film"：

```
create external table films(name string,dates string,prince int) row format delimited fields terminated by  ','
location'/user/film';
```

导入数据，将数据上传到 HDFS “/user/film” 下：

```
hadoop fs -put /data/dataset/film_log3.log /user/film/
```

查看 films 表数据的结果，如图 5-12 所示。

```
hive> select * from films limit 5;
OK
《不爱不散》      2014.1.10       52
《顺风车》        2015.6.5        85
《小门神》        2016.1.1        188
《百变爱人》      2014.4.11       71
《睡在我上铺的兄弟》      2016.4.1        49
Time taken: 1.177 seconds, Fetched: 5 row(s)
```

图 5-12　查看 films 表数据的结果

（3）创建索引

创建索引名称：

```
create index films_index on table films(dates) as'Compact' with deferred rebuild;
```

参数解释：

films_index：索引名。

films：要查询的表。

dates：要查询表的字段（列）。

as：后面指定索引处理器。

with deferred rebuild：在执行 alter index xxx_index on xxx rebuild 时将调用 generateIndex BuildTaskList( ) 获取 Index 的 MapReduce，并执行为索引填充数据。

（4）在新表中创建索引

```
create index films_index_new on table films(dates) as'Compact' with deferred rebuild in table films_table;
```

参数解释：

in table：指定索引表，若不指定，则默认生成在 default_psn_t1_index_ 表中。

5. 索引查看

（1）语法

```
show index on 表名
```

索引查看示例如图 5-13 所示。

```
hive> show index on films;
OK
films_index             films                   dates                   default__f
ilms_films_index__      compact
Time taken: 0.13 seconds, Fetched: 1 row(s)
```

图 5-13　索引查看示例

此时可以看到创建的索引名称为 films_index，被创建的表和字段为 films、dates，索引表为 default_films_films_index_。

```
show tables;
```

查看索引表如图 5-14 所示。

```
hive> show tables;
OK
default__films_films_index__
films
films_table
test
Time taken: 0.084 seconds, Fetched: 4 row(s)
```

图 5-14　查看索引表

此时可以查看到刚刚创建的索引表。

（2）查看索引结构

show formatted index on films;

6．索引更新

索引更新又称为索引重建。

重建索引（建立索引之后必须重建索引才能生效）时可执行 map-reduce 命令。

生成索引数据的语法如下：

alter index 索引名称 on 表名 rebuild

示例如下：

alter index films_index on films rebuild;

查看 films_index 索引表数据，如图 5-15 所示。

```
hive> select * from default__films_films_index__ limit 5;
OK
100000765         hdfs://localhost:9000/user/film/small_user.csv    [6596268,6615746,6
622137]
100007060         hdfs://localhost:9000/user/film/small_user.csv    [11928045,12103170
]
100007655         hdfs://localhost:9000/user/film/small_user.csv    [9525046]
10001316          hdfs://localhost:9000/user/film/small_user.csv    [9402870,9425890]
10001321          hdfs://localhost:9000/user/film/small_user.csv    [10678321,10785949
]
Time taken: 0.291 seconds, Fetched: 5 row(s)
```

图 5-15　查看 films_index 索引表数据

图 5-15 的数值分别为索引列的值、该值对应的 HDFS 文件路径、该值在文件中的偏移量。

查看 films_index_new 索引表的数据，代码如下：

alter index films_index_new on films rebuild;

查看 films_index_new 索引表的数据，如图 5-16 所示。

```
hive> select * from films_table limit 5;
OK
100000765         hdfs://localhost:9000/user/film/small_user.csv    [6596268,6615746,6
622137]
100007060         hdfs://localhost:9000/user/film/small_user.csv    [11928045,12103170
]
100007655         hdfs://localhost:9000/user/film/small_user.csv    [9525046]
10001316          hdfs://localhost:9000/user/film/small_user.csv    [9402870,9425890]
10001321          hdfs://localhost:9000/user/film/small_user.csv    [10678321,10785949
]
Time taken: 0.265 seconds, Fetched: 5 row(s)
```

图 5-16　查看 films_index_new 索引表的数据

7. 索引删除

语法：drop index 索引名称 on 表名。

注意：这里是索引名称，而不是索引表名。示例如下：

drop index films_index on films;

查看索引是否存在，如图 5-17 所示。

```
hive> show tables;
OK
films
films_table
test
Time taken: 0.062 seconds, Fetched: 3 row(s)
```

图 5-17 查看索引是否存在

从图 5-17 可以看出，删除索引名称的同时，索引表也被删除，两者之间是同步的。

8. 索引处理器

Hive 支持索引，但 Hive 本身对索引的支持是有限的，不支持主键和外键。维护索引需要额外的存储空间和计算资源。Hive 的索引机制引入了索引处理器，创建索引的时候可以使用 as 语句指定索引处理器，也就是一个实现了索引接口的 Java 类，如：

as 'org.apache.hadoop.hive.ql.index.compact.CompactIndexHandler'

任务实施

1. 准备任务实施环境

1) 启动 Hadoop：

start-all.sh

2) 进入 Hive 客户端：

hive

2. 数据仓库及数据准备

1) 创建存放网上商城购物数据的表 useraction：

create external table useraction(uid int, itrmid int, behaviour_type int, item_category int, visit_data string) row format delimited fields terminated by ',' location '/user/action';

2) 把准备的 small_user.csv 数据上传到 HDFS 系统中，以备使用。

将数据上传到 HDFS "/user/action"下：

hadoop fs -put /data/dataset/small_user.csv /user/action/

3) 查看 useraction 表数据的结果，如图 5-18 所示。

```
hive> select * from useraction limit 10;
OK
10001082        285259775       1       4076    2014-12-08 18
10001082        4368907 1       5503    2014-12-12 12
10001082        4368907 1       5503    2014-12-12 12
10001082        53616768        1       9762    2014-12-02 15
10001082        151466952       1       5232    2014-12-12 11
10001082        53616768        4       9762    2014-12-02 15
10001082        290088061       1       5503    2014-12-12 12
10001082        298397524       1       10894   2014-12-12 12
10001082        32104252        1       6513    2014-12-12 12
10001082        323339743       1       10894   2014-12-12 12
```

图 5-18　查看 useraction 表数据的结果

3．根据业务需求将网购用户信息表日期字段 visit_data 创建为索引

根据需要对日期数据进行查询，以"visit_data"列建立索引：

create index useraction_index on table useraction(visit_data) as'Compact' with deferred rebuild in table useraction_table;

查看日期数据索引是否创建成功：

show index on useraction;

如图 5-19 所示。

```
hive> show index on useraction;
OK
useraction_index        useraction              visit_data              useraction
_table          compact
Time taken: 0.091 seconds, Fetched: 1 row(s)
```

图 5-19　查看日期数据索引是否创建成功

4．对创建好的日期数据索引进行更新

对创建好的日期数据索引进行更新，代码如下：

alter index useraction_index on useraction rebuild;

查看日期数据索引的数据是否更新成功：

select visit_data from useraction_table limit 5;

如图 5-20 所示。

```
hive> select visit_data from useraction_table limit 5;
OK
2014-11-18 00
2014-11-18 01
2014-11-18 02
2014-11-18 03
2014-11-18 04
Time taken: 0.203 seconds, Fetched: 5 row(s)
```

图 5-20　查看日期数据索引的数据是否更新成功

5．对比前五条查询日期数据的使用时间

使用普通方式查询：

select visit_data from useraction limit 5;

使用日期数据索引方式查询：

select visit_data from useraction_table limit 5;

两者之间的对比如图 5-21 所示。

```
hive> select visit_data from useraction_table limit 5;
OK
2014-11-18 00
2014-11-18 01
2014-11-18 02
2014-11-18 03
2014-11-18 04
Time taken: 0.203 seconds, Fetched: 5 row(s)
hive> select visit_data from useraction limit 5;
OK
2014-12-08 18
2014-12-12 12
2014-12-12 12
2014-12-02 15
2014-12-12 11
Time taken: 0.21 seconds, Fetched: 5 row(s)
```

图 5-21　使用普通方式查询与使用日期数据索引方式查询对比

6．删除日期数据索引

删除日期数据索引，代码如下：

```
drop index useraction_index on useraction;
```

查看索引是否存在，如图 5-22 所示。

```
hive> show index on useraction;
OK
Time taken: 0.116 seconds
```

图 5-22　查看索引是否存在

任务拓展

对用户的行为数据和商品种类分别作索引处理。

项\目\小\结

本项目主要对数据量特别大的网上商城数据进行优化处理，根据具体的业务需求创建视图或者索引。任务 1 是按照时间的方式创建视图，从而减少查询时的数据量过大而导致效率低的问题；任务 2 是通过选取具体的字段作为索引，从而通过减少查询数据量来达到提高效率的目的。

课\后\练\习

一、选择题

1．下面关于视图的作用描述不正确的是（　　）。

　　A．可以简化数据查询语句

B．可以使用户能从多角度看待同一数据

C．可以提高数据的安全性

D．提供了一定程度的逻辑联合性

2．下面关于索引的作用描述不正确的是（　　）。

　　A．提升操作的效率。Hive 的索引可以建立在某些行上，从而减少任务中数据块的读取量

　　B．可以提高 Hive 表指定列的查询速度

　　C．可以避免全表扫描和资源浪费，还可以加快含有 group by 语句的查询的计算速度

　　D．某些情况下，索引的使用优于分区。在可预见到分区数据特别庞大的情况下，使用索引会更好

3．下面关于视图和索引的说明正确的是（　　）。

　　A．视图是由从数据库的基本表中选取出来的数据组成的逻辑窗口

　　B．视图有定义，也有相应的物理结构

　　C．索引是对数据库表中一列或多列的值进行排序的一种结构

　　D．索引可对特定的数据进行标记（一列或者多列）

二、判断题

1．Hive 表的索引创建在 HBase 表中，能大大提升查询性能。　　　　　　（　　）

2．在 Hive 中，视图只有在 MetaStore 中有和 HDFS 的映射关系，而在 HDFS 中找不到对应的文件夹。　　　　　　　　　　　　　　　　　　　　　　　　　　（　　）

3．通过索引对特定的数据查询，可以在最小的开销下加速对数据的搜索。　（　　）

三、填空题

1．执行索引查询，会生成一个_____。

2．根据对索引列的过滤条件，从索引表中过滤出索引列的值对应的_____及偏移量，并输出到 HDFS 文件中。

3．视图是对一个_____进行的第二次查询处理。

四、简答题

1．简述 Hive 的索引和视图的区别。

2．简述 Hive 的索引创建过程。

3．阐述 Hive 的视图主要应用场景有哪些。

4．说明 Hive 的视图和索引的创建对数据的影响有哪些。

Project 6

项目6
基于函数实现微博和门户日志数据统计

本项目主要实现了微博和门户日志数据的处理和统计，围绕微博数量、微博发表数据、各省的用户参与发表数量和分布、男女用户比例和发表的微博欢迎程度多个层次来分析统计用户在微博的活跃程度，主要演示了综合应用 Hive 函数完成数据统计分析和数据清洗等功能。

职业能力目标：

- 学会使用 Hive 常用的内置函数以及根据实际需求选择合适的函数。
- 灵活运用 Hive 内置函数和自定义函数进行实际应用统计分析。

项目 6 基于函数实现微博和门户日志数据统计

任务 1 基于微博数据进行业务统计

任务描述

微博作为一种通过关注机制分享简短实时信息的广播式的社交媒体、网络平台,用户可以通过 PC、手机等多种移动终端接入,以文字、图片、视频等多媒体形式实现信息的即时分享、传播互动。用户每年都会留下海量数据,对于公司来说,宏观上掌控这些数据并加以统计分析,对于分析社会舆情、网民生活以及掌控公司的未来发展都十分重要。因此,公司一般会定期对这些数据进行统计分析,发现数据中蕴含的有价值的信息。小赵刚入职该公司,公司技术主管要求他把搜集的微博用户数据(微博发表数据行为数据和用户信息数据)作为用户的行为进行统计分析,并作为热搜的参考依据。数据来源是 2012 年 1 月的微博数据。小赵将主要围绕微博数量、特殊时间的微博发表数据、各省的用户参与发表数量和分布、男女用户比例和发表的微博欢迎程度多个层次来分析统计用户在微博的活跃程度。公司为了考察小赵在函数方面的使用能力,要求他使用 Hive 中的常用函数分析问题。

8-Hive 应用实例:HiveQL 实现单词计数 WordCount 功能

任务分析

小赵得知主管的需求后,首先对数据进行一番分析,发现主要涉及的数据表有两个:第一个是 2012 年 1 月的 4790110 条微博数据表(见表 6-1),第二个是用户信息详情表(见表 6-2)。

表 6-1 微博数据表

字段	含义
mid	微博 id
retweeted_status_mid	转发的博文 id
uid	用户 id
retweeted_uid	转发的用户 id
source	微博来源
text	微博内容
image	自定义图像
geo	地理信息标签
created_at	创建时间
deleted_last_seen	是否删除该微博
permission_denied	认证用户

表 6-2　用户信息详情表

字段	含义
uid	用户 id
province	省份
gender	性别 (m, 男, f, 女)
verified	微博认证

第一个表的前几行数据：

```
mCClUNCqwe  mU5j0dIAkQ  uK3RXUJ0V  微博 0  转发微博  2012/1/3 2:02
mRsOcOLTlc  mJGNX5nAmo uK3RXUJ0V  微博 0 !!!!!!!!@uK3RXUYW3；//@u0AGMTTVD；！！！！！！！ 2012/1/3 1:17
mH44qG6iUm  mH44qL9LlF  uK3RXUJ0V  微博 0 求一切顺利 !!! 2012/1/3 1:15
mZmwFtOdVX  mcyE5GR7GJ  uK3RXUJ0V  微博　0　想要 ><@uK3RXUYW3；//@ukn； 全都想要啊 QAQ　2012/1/3 1:12
```

第二个表的前几行数据：

```
uCXZAHQXC,11,m,False
uUPCCYCXC,11,f,False
u351ODTXW,11,f,False
uG1K5KFX5,11,m,False
u0VNQ2GX5,11,f,False
```

这里根据需要对这部分数据作对应的业务处理，以提供对热搜排行的依据。

准备工作：准备好工作环境，启动 Hadoop 和 Hive，并检查是否可以正常工作。

创建数据仓库：根据对应的数据字段创建表，并导入数据，验证数据仓库是否可以用于统计分析。这里需要创建两个表，分别对应两个文件的数据，一个是用户发表微博的行为数据（bigdata_week1），另一个是用户信息表（bigdata_userdata）数据。

分析统计：主要围绕着微博数量、特殊时间的微博发表数据、各省的用户参与发表数量和分布、男女用户比例和发表的微博欢迎程度多个层次来分析统计用户在微博的活跃程度。

必备知识

1. 数学函数

数学函数主要用于一些常用的数学计算。

（1）round()：四舍五入

语法：

round(DOUBLE a)

该函数返回 a 的值，并对 a 四舍五入。

round(DOUBLE a, INT d)

该函数返回 a 的值，并按照 d 的值保留小数位后进行四舍五入。

示例：

对"46.7"和"46.234"四舍五入，如图 6-1 所示。

```
hive> select round(46.7);
OK
47
Time taken: 0.138 seconds, Fetched: 1 row(s)
hive> select round(46.234);
OK
46
Time taken: 0.123 seconds, Fetched: 1 row(s)
```

图 6-1 round() 函数示例 1

对 "93.863" 四舍五入并保留两位小数，如图 6-2 所示。

```
hive> select round(93.863,2);
OK
93.86
Time taken: 0.191 seconds, Fetched: 1 row(s)
```

图 6-2 round() 函数示例 2

（2）ceil() 及 ceiling()：向上取整

语法：

或 ceil（DOUBLE a）

ceiling（DOUBLE a）

示例：

对 "87.3" 和 "67.89" 向上取整，如图 6-3 所示。

```
hive> select ceil(87.3);
OK
88
Time taken: 0.153 seconds, Fetched: 1 row(s)
hive> select ceiling(67.89);
OK
68
Time taken: 0.15 seconds, Fetched: 1 row(s)
```

图 6-3 ceil() 及 ceiling() 函数示例

（3）floor()：向下取整

语法：

floor(DOUBLE a)

示例：

对 "2.89" 向下取整，如图 6-4 所示。

```
hive> select floor(2.89);
OK
2
Time taken: 0.15 seconds, Fetched: 1 row(s)
```

图 6-4 floor() 函数示例

（4）rand()：求取随机数

语法：

rand()

每行返回一个 double 型随机数。

rand(int seed)

每行返回一个 double 型随机数，整数 seed 是随机因子。

示例，如图 6-5 所示。

```
hive> select rand();
OK
0.3161055880653705
Time taken: 0.154 seconds, Fetched: 1 row(s)
hive> select rand(100);
OK
0.7220096548596434
Time taken: 0.116 seconds, Fetched: 1 row(s)
```

图 6-5　rand() 函数示例

（5）其他常用的数学函数

exp(DOUBLE d)：返回 e 的 d 幂次方，返回 double 型。

ln(DOUBLE d)：以自然数为底 d 的对数，返回 double 型。

log10(DOUBLE d)：以 10 为底 d 的对数，返回 double 型。

log2(DOUBLE d)：以 2 为底 d 的对数，返回 double 型。

log(DOUBLE base, DOUBLE d)：以 base 为底 d 的对数，返回 double 型。

pow(DOUBLE d, DOUBLE p)：d 的 p 次幂，返回 double 型。

sqrt(DOUBLE d)：d 的平方根，返回 double 型。

abs(DOUBLE d)：计算 double 型 d 的绝对值，返回 double 型。

sin(DOUBLE d)：返回 d 的正弦值，结果为 double 型。

asin(DOUBLE d)：返回 d 的反正弦值，结果为 double 型。

cos(DOUBLE d)：返回 d 的余弦值，结果为 double 型。

tan(DOUBLE d)：返回 d 的正切值，结果为 double 型。

e()：数学常数 e，超越数。

PI()：数学常数 Pi，圆周率。

2．集合函数

集合函数主要是对集合的操作处理。

（1）size()：求长度

语法：

size(Map<K,V>)
size(Array<T>)

示例：

求集合 "1,'zhangsan',2,'lisi'" 的长度，如图 6-6 所示。

```
hive> select size(map(1,'zhangsan',2,'lisi'));
OK
2
Time taken: 0.155 seconds, Fetched: 1 row(s)
```

图 6-6　size() 函数示例 1

求数组 "1,'lisi',2" 的长度，如图 6-7 所示。

```
hive> select size(Array(1,'lisi',2));
OK
3
Time taken: 0.276 seconds, Fetched: 1 row(s)
```

图 6-7 size() 函数示例 2

（2）map_keys()：返回集合中的所有 key

语法：

map_keys(Map<K.V>)

示例：

求集合 "1,'zhangsan',2,'lisi'" 的所有 key，如图 6-8 所示。

```
hive> select map_keys(map(1,'zhangsan',2,'lisi'));
OK
[1,2]
Time taken: 0.211 seconds, Fetched: 1 row(s)
```

图 6-8 map_keys() 函数示例

类似的函数还有 map_values(Map<K.V>)，用于返回 map 中的所有 value。

（3）array_contains()：判断数组中是否包含某个值

语法：

array_contains(Array<T>, value)

示例：

判断数组中是否含有 "zkl" "zsf" 这两个字符串，如图 6-9 所示。

```
hive> select array_contains(Array(1,2,3,'zkl'),'zkl');
OK
true
Time taken: 0.153 seconds, Fetched: 1 row(s)
hive> select array_contains(Array(1,2,3,'zkl'),'zsf');
OK
false
Time taken: 0.118 seconds, Fetched: 1 row(s)
```

图 6-9 array_contains() 函数示例

（4）sort_array()：按自然顺序对数组进行排序并返回

语法：

sort_array(Array<T>)

示例：

对数组 "3,5,2,'z',4,'a'" 和 "3,5,2,4" 分别排序，如图 6-10 所示。

```
hive> select sort_array(Array(3,5,2,'z',4,'a'));
OK
["2","3","4","5","a","z"]
Time taken: 0.584 seconds, Fetched: 1 row(s)
hive> select sort_array(Array(3,5,2,4));
OK
[2,3,4,5]
Time taken: 0.131 seconds, Fetched: 1 row(s)
```

图 6-10 sort_array() 函数示例

3．类型转换

数据类型转换函数 cast() 的语法：

cast(expr as <type>)

该函数可将 expr 转换成 type 类型，转换失败会返回 null。

示例：

将"3"转换为 double 类型，将"2019-04-10"转换为日期类型，将"1"转换为字符串类型，将"a"转换为 int 类型，如图 6-11 所示。

图 6-11　cast() 函数示例

4．日期函数

（1）to_date()：返回时间字符串的日期部分

语法：

to_date(string timestamp)

示例：

提取"2019-04-10 16:20:45"的日期部分，如图 6-12 所示。

图 6-12　to_date() 函数示例

（2）year()、month()、day()：从一个日期中取出相应的年、月、日

语法：

year(s.tring date)

month(string date)

day(string date)

示例：

从"2019-04-10 16:20:45"中提取年、月、日，如图 6-13 所示。

```
hive> select year('2019-04-10 16:20:45'),month('2019-04-10 16:20:45'),day('2019-04-10 16:20:45
');
OK
2019    4    10
Time taken: 0.165 seconds, Fetched: 1 row(s)
```

图 6-13　year()、month()、day() 函数示例

（3）weekofyear()：返回输入日期在该年中是第几个星期

语法：

weekofyear(string date)

示例，如图 6-14 所示。

```
hive> select weekofyear('2019-04-10 16:32:23');
OK
15
Time taken: 0.561 seconds, Fetched: 1 row(s)
```

图 6-14　weekofyear() 函数示例

（4）datediff()：计算开始时间 startdate 到结束时间 enddate 相差的天数

语法：

datediff(string enddate, string startdate)

示例：

计算 2019-04-10 16:32:23 和 2018-04-10 16:32:23 之间相差多少天，如图 6-15 所示。

```
hive> select datediff('2019-04-10 16:32:23','2018-04-10 16:32:23');
OK
365
Time taken: 0.128 seconds, Fetched: 1 row(s)
```

图 6-15　datediff() 函数示例

（5）date_add() 和 date_sub()：date_add() 用于在一个日期的基础上增加天数，date_sub() 用于在一个日期的基础上减去天数

语法：

date_add(string startdate, int days)

date_sub(string startdate, int days)

示例：

计算 2019-04-10 16:32:23 加三天和减三天的日期，如图 6-16 所示。

```
hive> select date_add('2019-04-10 16:32:23',3),date_sub('2019-04-10 16:32:23',3);
OK
2019-04-13    2019-04-07
Time taken: 0.148 seconds, Fetched: 1 row(s)
```

图 6-16　date_add() 和 date_sub() 函数示例

（6）current_date()：返回当前日期

示例如图 6-17 所示。

```
hive> select current_date();
OK
2019-04-10
Time taken: 0.115 seconds, Fetched: 1 row(s)
```

图 6-17　current_date() 函数示例

（7）date_format()：按指定格式返回时间

语法：

date_format(date/timestamp/string ts, string fmt)

示例：

将"2019-04-10 17:32:23"转换为月日（01-11）的格式，如图 6-18 所示。

```
hive> select date_format('2019-04-10 17:32:23','MM-dd');
OK
04-10
Time taken: 0.148 seconds, Fetched: 1 row(s)
```

图 6-18　date_format() 函数示例

5．条件函数

（1）if()

语法：

if(boolean testCondition, T valueTrue, T valueFalseOrNull)

如果 testCondition 为 true，就返回 valueTrue，否则返回 valueFalseOrNull。

示例如图 6-19 所示。

```
hive> select if(1=2,100,200);
OK
200
Time taken: 0.291 seconds, Fetched: 1 row(s)
hive> select if(1=1,100,200);
OK
100
Time taken: 0.13 seconds, Fetched: 1 row(s)
```

图 6-19　if() 函数示例

（2）coalesce()：非空查找

语法：

coalesce(T v1, T v2, …)

该函数返回参数中的第一个非空值；如果所有值都为 null，那么返回 null。

示例如图 6-20 所示。

```
hive> select coalesce(null,13,22);
OK
13
Time taken: 0.116 seconds, Fetched: 1 row(s)
hive> select coalesce(null,null,null);
OK
NULL
Time taken: 0.101 seconds, Fetched: 1 row(s)
```

图 6-20　coalesce() 函数示例

(3) case：条件判断函数

语法：

case a when b then c [when d then e]* [else f] end

如果 a=b 就返回 c，a=d 就返回 e，否则返回 f。

示例如图 6-21 所示。

```
hive> select case 300 when 250 then 'zhangsan' when 200 then 'lixiang' else 'zkl' end;
OK
zkl
Time taken: 0.134 seconds, Fetched: 1 row(s)
```

图 6-21 case 函数示例

(4) isnull() 和 isnotnull()：判断是否为 null

语法：

isnull(a)

如果 a 为 null 就返回 true，否则返回 false。

isnotnull(a)

如果 a 为非 null 就返回 true，否则返回 false。

示例如图 6-22 所示。

```
hive> select isnull(23);
OK
false
Time taken: 0.166 seconds, Fetched: 1 row(s)
hive> select isnull(null);
OK
true
Time taken: 0.095 seconds, Fetched: 1 row(s)
hive> select isnotnull(null);
OK
false
Time taken: 0.514 seconds, Fetched: 1 row(s)
hive> select isnotnull(34);
OK
true
Time taken: 0.106 seconds, Fetched: 1 row(s)
```

图 6-22 isnull() 和 isnotnull() 函数示例

6．聚合函数

数据聚合可按照特定条件将数据整合并表达出来，以总结出更多的组信息。

(1) count()：个数统计

语法：

count(*)

该函数统计总行数，包括含有 null 值的行。

count(expr)

该函数统计提供非 null 的 expr 表达式值的行数。

count(DISTINCT expr[, expr...])

该函数统计提供非 null 且去重后的 expr 表达式值的行数。

示例：

查询 films 表的行数：

select count(*) from films;

查询 films 表中电影名称不相同的行数：

select count(distinct name) from films;

（2）sum()：总和统计

语法：

sum(col)

该函数表示求指定列的和。

sum(DISTINCT col)

该函数表示求去重后的列的和。

示例：

查询 films 表中所有票房的总和：

select sum(prince) from films;

（3）avg()：平均值统计

语法：

avg(col)

该函数表示求指定列的平均值。

avg(DISTINCT col)

该函数表示求去重后的列的平均值。

示例：

查询 films 表的票房平均值：

select avg(prince) from films;

（4）min() 和 max()：求指定列的最小值和最大值

语法：

min(col)
max(col)

示例：

求 films 表的最少票房和最高票房：

select min(prince),max(prince) from films;

7．表生成函数

使用表生成函数可以将复杂类型的数据生成一个表。

(1) explode()：将 Hive 的复杂数据类型拆分成多行

语法：

explode(array<type> a)

该函数表示 a 中的每个元素都将生成一行且包含该元素。

explode(array)

该函数表示每行对应数组中的一个元素。

explode(map)

该函数表示每行对应一个 map 键 - 值，其中一个字段是 map 的键，另一个字段是 map 的值。

示例：

将数组"'a','c','f'"拆成多行，如图 6-23 所示。

```
hive> select explode(array('a','c','f'));
OK
a
c
f
Time taken: 0.123 seconds, Fetched: 3 row(s)
```

图 6-23　explode() 函数示例 1

将集合"map('A',100,'B',98,'C',78)"拆成多行，如图 6-24 所示。

```
hive> select explode(map('A',100,'B',98,'C',78));
OK
A	100
B	98
C	78
Time taken: 0.11 seconds, Fetched: 3 row(s)
```

图 6-24　explode() 函数示例 2

posexplode (array) 与 explode() 类似，不同的是还返回各元素在数组中的位置，如图 6-25 所示。

```
hive> select posexplode(array('A','B','C'));
OK
0	A
1	B
2	C
Time taken: 0.091 seconds, Fetched: 3 row(s)
```

图 6-25　posexplode() 函数示例

(2) stack()：格式转换

语法：

stack(int n, v_1, v_2, …, v_k)

stack() 函数的第一个参数 n，表示把一行中的所有列（假设共 m 列）转换成 n 行，每行有 m/n 个字段，其中 n 必须是常数。

示例：

对下面数据进行格式转换后显示，如图 6-26 所示。

'A',20,'b',date'2019-04-11'

'B',30,'c',date'2019-04-11'

```
hive> select stack(2,'A',20,'b',date'2019-04-11','B',30,'c',date'2019-04-11');
OK
A    20    b    2019-04-11
B    30    c    2019-04-11
Time taken: 0.086 seconds, Fetched: 2 row(s)
```

图 6-26　stack() 函数示例

（3）inline()：将结构体数组提取出来并插入表中

语法：

inline(array<struct[,struct]>)

示例如图 6-27 所示。

```
hive> select inline(array(struct('a',20,date'2019-4-11'),struct('b',30,date'2019
-4-12')));
OK
a    20    2019-04-11
b    30    2019-04-12
Time taken: 0.13 seconds, Fetched: 2 row(s)
```

图 6-27　inline() 函数示例

8．分析窗口函数

分析窗口函数和聚合函数一样，都是对行的集合组进行聚合计算。它用于为行定义一个窗口（这个窗口是用于计算操作的集合），并对一组值进行操作。分析窗口函数不需要使用 group by 子句对数据进行分组，能够在同一行中同时返回基础行的列和聚合列。

（1）分析窗口函数语法介绍

语法：

函数名（列）over(选项)

函数名主要是 Hive 提供分析窗口函数名，如 sum、count、avg、min、max、row_number 等。

over：关键字，用于标识分析窗口函数，否则查询分析器就不能区别是哪种函数，比如区分 sum() 是聚合函数还是分析窗口函数。有下面几种用法：

over()：将整个结果集看作一个分区。

over(order by 列名)：对该列排序进行累计。

over(partition by 列名)：对该列分区。

over(partition by A 列名 order by B 列名)：对 A 列分区，并以 B 列排序。

（2）聚合窗口函数

格式：

聚合函数（列）over（选项）

对于 over 关键字后括号中的选项，可以使用 partition by 子句来定义行的分区来进行聚合计算。与 group by 子句不同，partition by 子句创建的分区是独立于结果集的，创建的分区只进行聚合计算，并且不同的窗口函数所创建的分区也不互相影响。

查询员工信息并显示其所在城市的人数，字段包括 name（姓名）、city（城市人员数）、age（年龄）、salary（薪水）：

```
select name,city,age,salary,count(name) over(partition by city) from person_info;
```

over 关键字表示该函数是聚合窗口函数，而不是聚合函数。over(partition by city) 表示对结果集按照 city 进行分区，并且计算当前行所属组的聚合计算结果。在同一个 select 语句中可以同时使用多个窗口函数，并且这些窗口函数并不会相互干扰。

例如，查询员工信息并显示相同年龄的人数以及所在城市的人数：

```
select name,city,age,salary,
count(name) over(partition by city),
count(name) over(partition by age)
from person_info;
```

（3）排序窗口函数

排序窗口函数主要有下面三种：

ROW_NUMBER（）

RANK（）

DENSE_RANK（）

排序窗口函数主要用于排名，并且三种排名方式有所差别。

对薪水的多少进行排名：

```
select  name, salary, city, age,
row_number() over(order by salary) as rownum,
rank() over(order by salary) as rank,
dense_rank() over(order by salary) as dense_rank,
from  person_info
order by  name
```

row_number() over(order by salary)：按照升序对数据排序。

rank() over(order by salary)：使用升序排名，如果出现两个并列第一名，将没有第二名，后面是第三名。

dense_rank() over(order by salary)：使用升序排名，如果出现两个并列第一名，排在两个第一名之后的为第二名。

ntile(num)

该函数表示把有序的数据集合平均分配到指定数量（num）的桶中，将桶号分配给每一行。如果不能平均分配，则优先分配较小编号的桶，并且各个桶中能放的行数最多相差 1。

数据仓库技术及应用

下面介绍将店铺的价格数据进行统计的步骤。对其排名后取前 30% 和后 70% 的价格，字段包括 id（店铺号）、price（价格）。

步骤一：将价格排序后拆分成 10 桶（份）。

```
create table prince_text as
select id,price,
ntile(10) over (order by price desc) as rn
from test_dp_price;
```

步骤二：按照桶取 30% 和 70%，并求平均值。

```
select
new_rn,
max(case when new_rn=1 then 'avg_price_first_30%' when new_rn=2 then 'avg_price_last_70%' end) as avg_price_name,
avg(price) avg_price
from
(
    select
      id,
      price,
      rn,
      case when rn in (1,2,3) then 1 else 2 end as new_rn
    from prince_text
)a
group by new_rn;
```

任务实施

1．准备任务实施环境

1）启动 Hadoop：

```
start-all.sh
```

2）进入 Hive 客户端：

```
hive
```

2．数据仓库及数据准备

1）根据给定的两个数据集文件分别创建微博评论内容表和用户信息表。

创建表 bigdata_week1，根据需求将第一个表的字段写入，并以","进行分隔：

```
create table bigdata_week1(mid string,retweeted_status_mid string,uid string,retweeted_uid string,source string,image int,text string,geo string,created_at string,deleted_last_seen string,permission_denied string)row format delimited fields terminated by',';
```

创建表 bigdata_userdata，根据需求将第二个表的字段写入，并以","进行分隔：

```
create table bigdata_userdata(uid string,province int,gender string,verified string)row format delimited fields terminated by',';
```

2）导入对应的业务数据。

将数据“week1.csv”导入对应表 bigdata_week1：

```
load data local inpath'/data/dataset/week1.csv'into table bigdata_week1;
```

将数据“userdata.csv”导入对应表 bigdata_userdata：

```
load data local inpath'/data/dataset/userdata.csv'into table bigdata_userdata;
```

3）查看微博数据。

查看 bigdata_week1 表的数据，如图 6-28 所示。

```
hive> select * from bigdata_week1 limit 5;
OK
mCCLUNCqwe      mU5j0dIAkQ      uK3RXUJ0V               新浪微博        0
转发微博                2012-01-03 02:02:27
mRsOcOLTlc      mJGNX5nAmo      uK3RXUJ0V               新浪微博        0       !
!!!!!!!!@uK3RXUYW3： //@u0AGMTTVD：  ！！！！！！！！          2012-01-03 01:17
:39
mH44qG6iUm      mH44qL9LlF      uK3RXUJ0V               新浪微博        0
求一切顺利!!!           2012-01-03 01:15:36
mZmwFt0dVX      mcyE5GR7GJ      uK3RXUJ0V               新浪微博        0
想要><@uK3RXUYW3： //@ukn：  全都想要啊QAQ              2012-01-03 01:12:55
mQkLJSl8bf      muy8VxftBB      uK3RXUJ0V               新浪微博        0       /
/@ukn：  //@uMLLV3ZC0：  转发微博               2012-01-03 01:10:42
Time taken: 3.111 seconds, Fetched: 5 row(s)
```

图 6-28　查看 bigdata_week1 表的数据

查看 bigdata_userdata 表的数据，如图 6-29 所示。

```
hive> select * from bigdata_userdata limit 5;
OK
uCXZAHQXC       11      m       False
uUPCCYCXC       11      f       False
u3510DTXW       11      f       False
uG1K5KFX5       11      m       False
u0VNQ2GX5       11      f       False
Time taken: 0.434 seconds, Fetched: 5 row(s)
```

图 6-29　查看 bigdata_userdata 表的数据

3．分析统计

1）微博总量统计。

```
select count(*) from bigdata_userdata;
```

结果如下：

```
Total MapReduce CPU Time Spent: 12 seconds 230 msec
OK
14388385
Time taken: 128.102 seconds, Fetched: 1 row(s)
```

对字段进行去重统计：

```
select count(distinct uid) from bigdata_userdata;
```

参数“distinct”是对具体的字段作去重处理，先对 uid 作去重处理，然后使用 count() 函数作统计。

结果如下：

Total MapReduce CPU Time Spent: 1 minutes 47 seconds 10 msec
OK
14388381
Time taken: 294.432 seconds, Fetched: 1 row(s)

根据数据的总量，可以对数据有一个维度的了解，从两个统计比较，相同用户重复的数据很少。

2）统计 20～24 点这个时间段发的微博数。

select sum(created_at) from bigdata_week1 where created_at >='%20:00' or created_at <='%24:00';

参数 "where" 表示对条件的限制，创建时间小于 24 点或者大于 20 点的，用 % 作为参数以用于模糊查询，然后对筛选好的数据使用 sum() 函数进行累加。

结果如下：

Total MapReduce CPU Time Spent: 53 seconds 230 msec
OK
1.3503224389117998E10
Time taken: 181.079 seconds, Fetched: 1 row(s)

3）各省的微博用户统计。

select province，count(province) from bigdata_week1 group by province;

因为省份字段中可能存在相同的省份，所以先对省份字段进行 group by 分组处理，然后使用 count() 进行统计，最后显示各个省份对应的用户。

结果如下：

0	12785
12	218915
14	145349
22	128362
32	752420
34	242377
36	189377
42	436555
44	2822751
46	93923
50	259409
52	126028
54	30677
62	82090
64	43485
82	40001
100	891158
400	478874
1042	1
1044	2

```
1100        1
11          1281126
13          257867
15          105735
21          342101
23          176483
31          1184810
33          847441
35          525078
37          432034
41          380680
43          310196
45          238919
51          524416
53          171307
61          262145
63          33403
65          87054
71          62292
81          170750
999         1
1011        1
1033        1
1041        1
1051        2
1053        1
1081        1
Time taken: 97.914 seconds, Fetched: 47 row(s)
```

4）查询总用户、女性用户、男性用户及其比例。

```
select count(*) as z,      // 总人数
    > sum(case when gender='m' then 1 else 0 end),           // 男性人数
    > sum(case when gender='m' then 1 else 0 end)/count(*),  // 男性比例
    > sum(case when gender='f' then 1 else 0 end),           // 女性人数
    > sum(case when gender='f' then 1 else 0 end)/count(*)   // 女性比例
    > from bigdata_userdata;
```

参数"*"代表模糊查询，count（*）表示对所有的用户进行统计。

男性用户人数求取：若通过 when 参数判断字段 gender='m' 则定义为 1，否则为 0，之后使用 sum() 累加，求取男性用户的人数。

男性用户比例求取：根据之前求取的男性用户人数，通过男性用户人数除以总用户人数求取比例。

女性用户人数求取：若通过 when 参数判断字段 gender='f' 则定义为 1，否则为 0，之后使用 sum() 累加，求取女性用户的人数。

女性用户比例求取：根据之前求取的女性用户人数，通过女性用户人数除以总用户人

数求取比例。

结果如下：

```
Total MapReduce CPU Time Spent: 28 seconds 0 msec
OK
14388385    5819552  0.4044617933145381        8568833  0.5955382066854619
Time taken: 118.839 seconds, Fetched: 1 row(s)
```

5）统计最受欢迎的前五名用户 ID。

select retweeted_uid, count(retweeted_uid) a from bigdata_week1 group by retweeted_uid order by a desc limit 5;

最受欢迎的用户是根据用户的微博转发量来计算的。先对同一个用户的转发量作分组处理，然后使用 count() 统计，使用 order by 排序，使用 limit 限制取出前五位用户 ID。

结果如下：

```
Total MapReduce CPU Time Spent: 39 seconds 230 msec
OK
        4608002
u1OVRZ4BR    2582
uCBTJJTGB    2313
uTZ5DMKRS    1257
uZNJA4SDC    1111
Time taken: 197.851 seconds, Fetched: 5 row(s)
```

任务拓展

1. 统计发微博数前十的用户 ID。
2. 统计各省的男女比例用户。

任务 2　门户日志数据预处理

任务描述

某大型门户网站为了了解自身平台的运营情况，会对访问平台的用户进行记录，也就是按日记录每个访问平台的用户基本信息。对于公司来说，通过这些信息可以跟踪到用户对网站的访问频率、次数等情况。公司可根据这些信息预测网站未来的发展方向和前景。小赵刚入职该公司，公司技术主管要求他对 2013 年的用户访问信息日志进行统计分析，以获取对公司有决策价值的信息。公司为了让小赵熟练使用 Hive 的函数进行编写，要求他使用自定义函数完成。

项目6
基于函数实现微博和门户日志数据统计

任务分析

小赵得到日志数据 access.log 之后，快速查看网站日志数据结构，分析数据字段和结构。日志数据如图 6-30 所示。

```
194.237.142.21 - - [18/Sep/2013:06:49:18 +0000] "GET /wp-content/uploads/2013/07/rstudio-git3.png HTTP/1.1" 304 0 "-" "Mozilla/4.0 (compatible;)"
163.177.71.12 - - [18/Sep/2013:06:49:33 +0000] "HEAD / HTTP/1.1" 200 20 "-" "DNSPod-Monitor/1.0"
163.177.71.12 - - [18/Sep/2013:06:49:36 +0000] "HEAD / HTTP/1.1" 200 20 "-" "DNSPod-Monitor/1.0"
101.226.68.137 - - [18/Sep/2013:06:49:42 +0000] "HEAD / HTTP/1.1" 200 20 "-" "DNSPod-Monitor/1.0"
101.226.68.137 - - [18/Sep/2013:06:49:45 +0000] "HEAD / HTTP/1.1" 200 20 "-" "DNSPod-Monitor/1.0"
60.208.6.156 - - [18/Sep/2013:06:49:48 +0000] "GET /wp-content/uploads/2013/07/rcassandra.png HTTP/1.0" 200 185524 "http://cos.name/category/software/packages/" "Mozilla/5.0 (Windows NT 6.1) AppleWebKit/537.36 (KHTML, like Gecko) Chrome/29.0.1547.66 Safari/537.36"
222.68.172.190 - - [18/Sep/2013:06:49:57 +0000] "GET /images/my.jpg HTTP/1.1" 200 19939 "http://www.angularjs.cn/A00n" "Mozilla/5.0 (Windows NT 6.1) AppleWebKit/537.36 (KHTML, like Gecko) Chrome/29.0.1547.66 Safari/537.36"
```

图 6-30 日志数据

根据源数据的结构分析，可以看出数据格式为：

IP 地址　　　　日期　　　　访问记录

日志数据主要包含某个 IP 访问该网站的信息记录，包含 IP、用户名称、时间、浏览器、请求等记录信息。现在根据需求为统计分析作准备活动，对数据清洗，包括将数据的 IP 地址和日期分别作清洗工作，以进行后面的统计分析。

为了使用方便，可以使用 Hive 的自定义函数编写程序，完成对时间格式的转换，对数据分割，并取出三个分析核心字段。

准备工作：检查开发环境，创建项目，并导入对应的 jar 包。

时间格式的转换：第一个清洗功能实现对数据中的时间作格式转换。

对日志中的请求字段进行分割：主要对数据进行分割，截取 IP 字段。

测试使用：创建数据仓库，将数据导入，并作数据查询测试；将编写好的 Hive jar 包导入 Hive 的 class path，并关联到 Hive 的函数中；最后直接调用函数以进行测试，测试没有问题既可使用。

必备知识

Hive 提供了许多内置函数，但是当提供的内置函数无法满足业务的需要时，就需要用户根据需求进行自定义函数。

Hive 目前只支持用 Java 语言编写自定义函数。Hive 支持三种自定义函数：UDF、UDTF 和 UDAF。

1. UDF

UDF 作用于单个数据行，并且产生一个数据行作为输出。大多数函数都属于这一类（如数学函数和字符串函数）。

1）自定义函数开发 UDF 流程。
- 使用 Maven 创建一个 Java 项目。
- 继承 UDF 类。
- 重写 evaluate() 方法。

2）创建自定义 UDF。

创建一个 UDF 新类（Lower），并继承 UDF 类：

```
package com.example.hive.udf;

import org.apache.hadoop.hive.ql.exec.UDF;
public final class Lower extends UDF {

}
```

实现 evaluate() 方法，evaluate() 可以有一个或多个，进行业务逻辑代码的编写：

```
package com.example.hive.udf;

import org.apache.hadoop.hive.ql.exec.UDF;
import org.apache.hadoop.io.Text;
public final class Lower extends UDF {
    public Text evaluate(final Text s) {
        // 对输入值 s 作判断，如果为 null，输出 null，否则转换为小写输出
        if (s == null) { return null; }
        return new Text(s.toString().toLowerCase());
    }
}
```

3）测试使用。

将代码打成 jar 包，然后将 jar 包导入 Hive 的 class path：

```
add jar jar 包名
```

将 jar 包导入 Hive 的 class path，如图 6-31 所示。

```
hive> add jar /data/software/my_jar.jar;
Added [/data/software/my_jar.jar] to class path
Added resources: [/data/software/my_jar.jar]
```

图 6-31 将 jar 包导入 Hive 的 class path

4）创建关联到 Java 类的 Hive 函数。

```
create temporary function 函数名 as '类的全限定名称';
```

创建关联到 Java 类的 Hive 函数，如图 6-32 所示。

```
hive> create temporary function my_lower as 'com.example.hive.udf.Lower';
OK
Time taken: 0.258 seconds
```

图 6-32 创建关联到 Java 类的 Hive 函数

注意：此方法只对当前会话有效，下面会介绍永久有效的方法。

5)使用函数。

将字符串"aBcDeF"转换为小写,如图 6-33 所示。

```
hive> select my_lower('aBcDeF');
OK
abcdef
Time taken: 1.579 seconds, Fetched: 1 row(s)
```

图 6-33 将字符串转换为小写

2. UDTF

UDTF 用来将一行输入拆分成多行输出(如 explode() 函数)。

1)自定义函数开发 UDTF 流程。

- 使用 Maven 创建一个 Java 项目。
- 继承 GenericUDTF 类。
- 实现 initialize()、process()、close() 三个方法。

三个实现方法在 UDTF 的作用:

- UDTF 首先会调用 initialize() 方法,此方法返回 UDTF 返回行的信息(返回个数、类型)。
- 初始化完成后,会调用 process() 方法,真正的处理过程在 process() 函数中。在 process() 中,每一次 forward() 调用都产生一行;如果要产生多列,则可以将多个列的值放在一个数组中,然后将该数组传入 forward() 函数。
- 最后调用 close() 方法,对需要清理的内容进行清理。

2)创建自定义 UDTF。

```
import org.apache.hadoop.hive.ql.udf.generic.GenericUDTF;

public class ExplodeMap extends GenericUDTF {

}
```

实现 initialize()、process()、close() 三个方法的代码如下:

```
package org.apache.hadoop.hive.contrib.udtf.example;

import org.apache.hadoop.hive.ql.exec.UDFArgumentException;
import org.apache.hadoop.hive.ql.metadata.HiveException;
import org.apache.hadoop.hive.ql.udf.generic.GenericUDTF;
import org.apache.hadoop.hive.serde2.objectinspector.ObjectInspector;
import org.apache.hadoop.hive.serde2.objectinspector.StructObjectInspector;
public class ExplodeMap extends GenericUDTF {

    @Override
    public void close() throws HiveException {
```

```
    }

    @Override
    public StructObjectInspector initialize(ObjectInspector[] argOIs)
throws UDFArgumentException{
        return super.initialize(argOIs);
    }

    @Override
    public void process(Object[] arg0) throws HiveException {

    }
}
```

编写 initialize() 方法代码, 实现对输入数据的解析及判断:

```
@Override
    public StructObjectInspector initialize(ObjectInspector[] args)
            throws UDFArgumentException {
        // 判断输入的数据长度是否为 1
        if (args.length != 1) {
            throw new UDFArgumentLengthException("ExplodeMap takes only one argument");
        }
        // 检测输入数据的对象类别
        if (args[0].getCategory() != ObjectInspector.Category.PRIMITIVE) {
            throw new UDFArgumentException("ExplodeMap takes string as a parameter");
        }
        // 将输入的数据存储到集合中, 作为返回值返回到 process() 方法调用
        ArrayList<String> fieldNames = new ArrayList<String>();
        ArrayList<ObjectInspector> fieldOIs = new ArrayList<ObjectInspector>();
        fieldNames.add("col1");
        fieldOIs.add(PrimitiveObjectInspectorFactory.javaStringObjectInspector);
        fieldNames.add("col2");
        fieldOIs.add(PrimitiveObjectInspectorFactory.javaStringObjectInspector);

        return ObjectInspectorFactory.getStandardStructObjectInspector(fieldNames,fieldOIs);
    }
```

编写 process() 方法代码, 实现对输入数据 (key:value;key:value;) 按照 ";" 进行切分, 并返回 key、value 两个字段:

```
@Override
    public void process(Object[] args) throws HiveException {
        String input = args[0].toString();
        // 将数据按照 ";" 进行切分
        String[] test = input.split(";");
        // 循环输出 key、value 值
        for(int i=0; i<test.length; i++) {
```

```
            try {
                String[] result = test[i].split(":");
                forward(result);
            } catch (Exception e) {
                continue;
            }
        }
    }
```

3）测试使用。

将代码打成 jar 包，将 jar 包导入 Hive 的 class path：

add jar jar 包名

将 jar 包导入 Hive 的 class path，如图 6-34 所示。

```
hive> add jar /data/software/hiveFun.jar;
Added [/data/software/hiveFun.jar] to class path
Added resources: [/data/software/hiveFun.jar]
```

图 6-34　将 jar 包导入 Hive 的 class path

4）创建关联到 Java 类的 Hive 函数。

create temporary function 函数名 as' 类的全限定名称 ';

创建关联到 Java 类的 Hive 函数，如图 6-35 所示。

```
hive> create temporary function split_test as'org.apache.hadoop.hive.contrib.udtf.example.Expl
odeMap';
OK
Time taken: 0.686 seconds
```

图 6-35　创建关联到 Java 类的 Hive 函数

5）使用函数。

将字符串 "'a:20;b:40;c:90'" 解析为 key value 的形式，如图 6-36 所示。

```
hive> select split_test('a:20;b:40;c:90');
OK
a       20
b       40
c       90
Time taken: 1.489 seconds, Fetched: 3 row(s)
```

图 6-36　将字符串解析为 key value 的形式

3．UDAF

UDAF 是用户定义聚合函数。Hive 支持其用户自行开发聚合函数来完成业务逻辑，可操作多个输入数据行，并产生一个输出数据行，相当于 sum()、avg()。

UDAF 实现方式有两种：

● Simple 方式：继承 org.apache.hadoop.hive.ql.exec.UDAF 类，并在派生类中以静态内部类的方式实现 org.apache.hadoop.hive.ql.exec.UDAFEvaluator 接口。

● Generic 方式：以抽象类代替原有接口，新的抽象类 org.apache.hadoop.hive.ql.udf.generic.AbstractGenericUDAFResolver 替代老的 UDAF 接口。

1）自定义函数开发 UDAF 流程。
- 使用 Maven 创建一个 Java 项目。
- 编写 resolver 类，resolver 类负责类型检查以及操作符重载。
- 编写 evaluator 类，evaluator 类实现 UDAF 的逻辑。

2）创建自定义 UDAF。

实现 resolver 类，resolver 类通常继承 org.apache.hadoop.hive.ql.udf.GenericUDAFResolver2，但是更建议继承 AbstractGenericUDAFResolver，隔离将来 Hive 接口的变化。

这里继承 AbstractGenericUDAFResolver：

```java
package com.hadoop.hivetest.udf;

import org.apache.hadoop.hive.ql.udf.generic.AbstractGenericUDAFResolver;
public class UDAFTest extends AbstractGenericUDAFResolver{

}
```

重写 getEvaluator() 方法：

```java
package com.hadoop.hivetest.udf;

import org.apache.hadoop.hive.ql.parse.SemanticException;
import org.apache.hadoop.hive.ql.udf.generic.AbstractGenericUDAFResolver;
import org.apache.hadoop.hive.ql.udf.generic.GenericUDAFEvaluator;
import org.apache.hadoop.hive.serde2.typeinfo.TypeInfo;
public class UDAFTest extends AbstractGenericUDAFResolver{

    @Override
    public GenericUDAFEvaluator getEvaluator(TypeInfo[] info) throws SemanticException {
        return super.getEvaluator(info);
    }
}
```

所有 evaluator 必须继承抽象类 org.apache.hadoop.hive.ql.udf.generic，GenericUDAFEvaluator，必须实现它的一些抽象方法，实现 UDAF 的逻辑，代码如下：

```java
package com.hadoop.hivetest.udf;

import org.apache.hadoop.hive.ql.metadata.HiveException;
import org.apache.hadoop.hive.ql.parse.SemanticException;
import org.apache.hadoop.hive.ql.udf.generic.AbstractGenericUDAFResolver;
import org.apache.hadoop.hive.ql.udf.generic.GenericUDAFEvaluator;
import org.apache.hadoop.hive.serde2.typeinfo.TypeInfo;
public class UDAFTest extends AbstractGenericUDAFResolver{

    @Override
```

```java
    public GenericUDAFEvaluator getEvaluator(TypeInfo[] info) throws SemanticException {
        return super.getEvaluator(info);
    }

    public static class TotalNumOfLettersEvaluator extends GenericUDAFEvaluator {

        @Override
        public AggregationBuffer getNewAggregationBuffer() throws HiveException {
            return null;
        }

        @Override
        public void iterate(AggregationBuffer arg0, Object[] arg1) throws HiveException {

        }

        @Override
        public void merge(AggregationBuffer arg0, Object arg1) throws HiveException {

        }

        @Override
        public void reset(AggregationBuffer arg0) throws HiveException {

        }

        @Override
        public Object terminate(AggregationBuffer arg0) throws HiveException {
            return null;
        }

        @Override
        public Object terminatePartial(AggregationBuffer arg0) throws HiveException {
            return null;
        }

    }
}
```

重写 getEvaluator() 方法，并实现输入数据的检查功能：

```java
@Override
    public GenericUDAFEvaluator getEvaluator(TypeInfo[] parameters)
            throws SemanticException {
        // 判断输入数据长度是否为 1
        if (parameters.length != 1) {
```

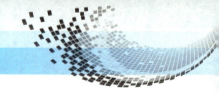

```java
            throw new UDFArgumentTypeException(parameters.length - 1,
                    "Exactly one argument is expected.");
        }

        ObjectInspector oi = TypeInfoUtils.getStandardJavaObjectInspectorFromTypeInfo(parameters[0]);
        // 检测输入数据的对象类别
        if (oi.getCategory() != ObjectInspector.Category.PRIMITIVE){
            throw new UDFArgumentTypeException(0,
                            "Argument must be PRIMITIVE, but "
                            + oi.getCategory().name()
                            + " was passed.");
        }

        PrimitiveObjectInspector inputOI = (PrimitiveObjectInspector) oi;
        // 输入数据类型的判断
        if (inputOI.getPrimitiveCategory() != PrimitiveObjectInspector.PrimitiveCategory.STRING){
            throw new UDFArgumentTypeException(0,
                            "Argument must be String, but "
                            + inputOI.getPrimitiveCategory().name()
                            + " was passed.");
        }
        return new TotalNumOfLettersEvaluator();
    }
```

重写 GenericUDAFEvaluator() 方法，计算指定列中字符的总数（包括空格）：

```java
    public static class TotalNumOfLettersEvaluator extends GenericUDAFEvaluator {

        PrimitiveObjectInspector inputOI;
        ObjectInspector outputOI;
        PrimitiveObjectInspector integerOI;

        int total = 0;

        @Override
        public ObjectInspector init(Mode m, ObjectInspector[] parameters)
                throws HiveException {

            assert (parameters.length == 1);
            super.init(m, parameters);

            //map 阶段读取 sql 列，输入为 string 基础数据格式
            if (m == Mode.PARTIAL1 || m == Mode.COMPLETE) {
                inputOI = (PrimitiveObjectInspector) parameters[0];
            } else {
            // 其余阶段，输入为 integer 基础数据格式
                integerOI = (PrimitiveObjectInspector) parameters[0];
```

```java
        }
        // 指定各个阶段的输出数据格式都为 integer 类型
        outputOI = ObjectInspectorFactory.getReflectionObjectInspector(Integer.class,
                ObjectInspectorOptions.JAVA);
        return outputOI;

    }

    /**
     * 存储当前字符总数的类
     */
    static class LetterSumAgg implements AggregationBuffer {
        int sum = 0;
        void add(int num){
            sum += num;
        }
    }

    @Override
    public AggregationBuffer getNewAggregationBuffer() throws HiveException {
        LetterSumAgg result = new LetterSumAgg();
        return result;
    }

    @Override
    public void reset(AggregationBuffer agg) throws HiveException {
        LetterSumAgg myagg = new LetterSumAgg();
    }

    private boolean warned = false;

    // map 阶段，迭代处理输入 sql 传过来的列数据
    @Override
    public void iterate(AggregationBuffer agg, Object[] parameters)
            throws HiveException {
        assert (parameters.length == 1);
        if (parameters[0] != null) {
            LetterSumAgg myagg = (LetterSumAgg) agg;
            Object p1 = ((PrimitiveObjectInspector) inputOI).getPrimitiveJavaObject(parameters[0]);
            myagg.add(String.valueOf(p1).length());
        }
    }

    // map 与 combiner 结束，返回结果，得到部分数据聚集结果
    @Override
```

```
        public Object terminatePartial(AggregationBuffer agg) throws HiveException {
            LetterSumAgg myagg = (LetterSumAgg) agg;
            total += myagg.sum;
            return total;
        }
        // combiner 合并 map 返回的结果，reducer 合并 mapper 或 combiner 返回的结果
        @Override
        public void merge(AggregationBuffer agg, Object partial)
                throws HiveException {
            if (partial != null) {

                LetterSumAgg myagg1 = (LetterSumAgg) agg;

                Integer partialSum = (Integer) integerOI.getPrimitiveJavaObject(partial);

                LetterSumAgg myagg2 = new LetterSumAgg();

                myagg2.add(partialSum);
                myagg1.add(myagg2.sum);
            }
        }
        // reducer 阶段，输出最终结果
        @Override
        public Object terminate(AggregationBuffer agg) throws HiveException {
            LetterSumAgg myagg = (LetterSumAgg) agg;
            total = myagg.sum;
            return myagg.sum;
        }

    }
```

3）测试使用。

将代码打成 jar 包，将 jar 包导入 Hive 的 class path，如图 6-37 所示。

```
hive> add jar /data/software/hiveUDAF.jar;
Added [/data/software/hiveUDAF.jar] to class path
Added resources: [/data/software/hiveUDAF.jar]
```

图 6-37　将 jar 包导入 Hive 的 class path

创建关联到 Java 类的 Hive 函数，如图 6-38 所示。

```
hive> create temporary function sum_test as 'com.hadoop.hivetest.udf.UDAFTest';
OK
Time taken: 0.65 seconds
```

图 6-38　创建关联到 Java 类的 Hive 函数

计算字符串"1a2b3c4d5f"的个数：

select sum_test('1a2b3c4d5f');

项目6
基于函数实现微博和门户日志数据统计

任务实施

1. 对日志数据进行时间格式的转换

1）创建 HiveUDF 类，继承 UDF 类，编写 evaluate() 方法，对日志的时间作解析。

```
package com.simple;
import org.apache.hadoop.hive.ql.exec.UDF;
public class HiveUDF extends UDF {
    public String evaluate(String s){
        return s;
    }
}
```

2）截取日志访问时间数据。

使用字符串的 indexOf() 方法获取两个中括号的下标，通过 substring() 方法对得到的下标进行截取以获取到时间的字符串。

```
int getTimeFirst = lines.indexOf("[");
int getTimeLast = lines.indexOf("]");
String time = lines.substring(getTimeFirst + 1, getTimeLast).trim();
```

3）对数据进行转换

将截取好的数据转换为"yyyy-MM-dd HH:mm:ss"形式：

```
SimpleDateFormat formator = new SimpleDateFormat("dd/MMMMM/yyyy:HH:mm:ss Z", Locale.ENGLISH);
Date date = formator.parse(s);
SimpleDateFormat rformator = new SimpleDateFormat("yyyy-MM-dd HH:mm:ss");
rformator.format(date);
```

完整代码如下：

```
package com.simple;

import java.text.ParseException;
import java.text.SimpleDateFormat;
import java.util.Date;
import java.util.Locale;
import org.apache.hadoop.hive.ql.exec.UDF;
public class HiveUDF extends UDF {
    public String evaluate(String line) {
        SimpleDateFormat formator = new SimpleDateFormat("dd/MMMMM/yyyy:HH:mm:ss Z", Locale.ENGLISH);
        SimpleDateFormat rformator = new SimpleDateFormat("yyyy-MM-dd HH:mm:ss");
        String lines=line.toString();
        int getTimeFirst = lines.indexOf("[");
        int getTimeLast = lines.indexOf("]");
        String time = lines.substring(getTimeFirst + 1, getTimeLast).trim();
        Date dt = null;
```

```
            String d1=null;
            try {
                dt= formator.parse(time);
                d1=rformator.format(dt);
            } catch (ParseException e) {
                // TODO Auto-generated catch block
                e.printStackTrace();
            }
            return d1;
        }
    }
```

2．对日志中的请求字段数据进行分割并输出

1）创建 HiveUDTF 类，并继承 GenericUDTF 类，重写父类的 initialize()、process()、close() 三个方法：

```
package com.simple;

import org.apache.hadoop.hive.ql.exec.UDFArgumentException;
import org.apache.hadoop.hive.ql.metadata.HiveException;
import org.apache.hadoop.hive.ql.udf.generic.GenericUDTF;
import org.apache.hadoop.hive.serde2.objectinspector.ObjectInspector;
import org.apache.hadoop.hive.serde2.objectinspector.StructObjectInspector;
public class HiveUDTF extends GenericUDTF{

    @Override
    public StructObjectInspector initialize(ObjectInspector[] arg0) throws UDFArgumentException {
        return super.initialize(arg0);
    }

    @Override
    public void close() throws HiveException {

    }

    @Override
    public void process(Object[] arg0) throws HiveException {

    }
}
```

2）初始化数据，并对数据作格式判断。
输出数据解析完后的 IP 数据：

```
@Override
public StructObjectInspector initialize(ObjectInspector[] arg0) throws UDFArgumentException {
```

```
            if (arg0.length != 1) {
                throw new UDFArgumentException(" 参数不正确。");
            }
            ArrayList<String> fieldNames = new ArrayList<String>();
            ArrayList<ObjectInspector> fieldOIs = new ArrayList<ObjectInspector>();
            // 添加返回字段设置
            fieldNames.add("rcol1");
            fieldOIs.add(PrimitiveObjectInspectorFactory.javaStringObjectInspector);
            fieldOIs.add(PrimitiveObjectInspectorFactory.javaStringObjectInspector);
            // 将返回字段设置到该 UDTF 的返回值类型中
            return ObjectInspectorFactory.getStandardStructObjectInspector(fieldNames, fieldOIs);
        }
```

3）将数据按照"- -"进行切分。

对数据切分，获取下标为 0 的位置，就是 IP 所在的位置：

```
@Override
    public void process(Object[] args) throws HiveException {
        String input = args[0].toString();
        String[] result = input.split("- -");
        forward(result[0]);
    }
```

完整代码如下：

```
package com.simple;

import java.util.ArrayList;
import org.apache.hadoop.hive.ql.exec.UDFArgumentException;
import org.apache.hadoop.hive.ql.metadata.HiveException;
import org.apache.hadoop.hive.ql.udf.generic.GenericUDTF;
import org.apache.hadoop.hive.serde2.objectinspector.ObjectInspector;
import org.apache.hadoop.hive.serde2.objectinspector.ObjectInspectorFactory;
import org.apache.hadoop.hive.serde2.objectinspector.StructObjectInspector;
import org.apache.hadoop.hive.serde2.objectinspector.primitive.PrimitiveObjectInspectorFactory;
public class HiveUDTF extends GenericUDTF {
    @Override
    public StructObjectInspector initialize(ObjectInspector[] arg0) throws UDFArgumentException {
        if (arg0.length != 1) {
            throw new UDFArgumentException(" 参数不正确。");
        }
        ArrayList<String> fieldNames = new ArrayList<String>();
        ArrayList<ObjectInspector> fieldOIs = new ArrayList<ObjectInspector>();
        // 添加返回字段设置
        fieldNames.add("rcol1");
        fieldOIs.add(PrimitiveObjectInspectorFactory.javaStringObjectInspector);
        // 将返回字段设置到该 UDTF 的返回值类型中
        return ObjectInspectorFactory.getStandardStructObjectInspector(fieldNames, fieldOIs);
```

```
        }
        @Override
        public void close() throws HiveException {
        }
        // 处理函数的输入及输出结果的过程
        @Override
        public void process(Object[] args) throws HiveException {
            String input = args[0].toString();
            String[] result = input.split("- -");
            forward(result[0]);
        }
    }
}
```

3. 使用准备

1）将代码打成 jar 包。

2）启动 Hadoop 和 Hive。

3）将 jar 包导入 Hive 的 class path，如图 6-39 所示。

```
hive> add jar /data/software/hiveText.jar;
Added [/data/software/hiveText.jar] to class path
Added resources: [/data/software/hiveText.jar]
```

图 6-39　将 jar 包导入 Hive 的 class path

4）创建关联到 Java 类的 Hive 函数，如图 6-40 所示。

```
hive> create temporary function time_format as 'com.simple.HiveUDF';
OK
Time taken: 0.686 seconds
hive> create temporary function split_function as 'com.simple.HiveUDTF';
OK
Time taken: 0.07 seconds
```

图 6-40　创建关联到 Java 类的 Hive 函数

4. 创建数据仓库

1）创建表 dataclean，将日志文件数据放到 data 字段中。

```
create table dataclean(data string);
```

2）导入数据，将本地 /data/dataset 目录下的数据加载到 dataclean 表中。

```
load data local inpath '/data/dataset/access.log' into table dataclean;
```

3）查看 dataclean 表数据的结果，如图 6-41 所示。

```
hive> select * from dataclean limit 5;
OK
194.237.142.21 - - [18/Sep/2013:06:49:18 +0000] "GET /wp-content/uploads/2013/07/rstudio-git3.png HTTP/1.1" 304 0 "-" "Mozilla/4.0 (compatible;)"
163.177.71.12 - - [18/Sep/2013:06:49:33 +0000] "HEAD / HTTP/1.1" 200 20 "-" "DNSPod-Monitor/1.0"
163.177.71.12 - - [18/Sep/2013:06:49:36 +0000] "HEAD / HTTP/1.1" 200 20 "-" "DNSPod-Monitor/1.0"
101.226.68.137 - - [18/Sep/2013:06:49:42 +0000] "HEAD / HTTP/1.1" 200 20 "-" "DNSPod-Monitor/1.0"
101.226.68.137 - - [18/Sep/2013:06:49:45 +0000] "HEAD / HTTP/1.1" 200 20 "-" "DNSPod-Monitor/1.0"
Time taken: 0.37 seconds, Fetched: 5 row(s)
```

图 6-41　查看 dataclean 表数据的结果

项目 6 基于函数实现微博和门户日志数据统计

5. 对时间数据清洗

1) 将数据中的时间进行清洗，清洗为格式"2019-05-05 09:21:21"。这里直接使用 time_function() 函数对数据作时间清洗，如图 6-42 所示。

```
hive> select time_format(data) from dataclean limit 5;
OK
2013-09-17 23:49:18
2013-09-17 23:49:33
2013-09-17 23:49:36
2013-09-17 23:49:42
2013-09-17 23:49:45
Time taken: 0.396 seconds, Fetched: 5 row(s)
```

图 6-42　使用 time_function() 函数对数据作时间清洗

2) 清洗数据并获取所有 IP，作为一列输出。这里直接使用 split_function() 函数对数据作清洗，如图 6-43 所示。

```
hive> select split_function(data) from dataclean limit 5;
OK
194.237.142.21
163.177.71.12
163.177.71.12
101.226.68.137
101.226.68.137
Time taken: 3.728 seconds, Fetched: 5 row(s)
```

图 6-43　使用 split_function() 函数对数据作清洗

任务拓展

对目标数据清洗，只输出 IP 和时间两个字段。

项\目\小\结

本项目主要使用了 Hive 的函数完成了数据统计分析和数据清洗的功能。任务 1，通过使用 Hive 的常用内置函数对微博的数据进行常规的统计分析；任务 2，通过使用 Hive 的自定义函数完成对 Web 日志的格式化解析，并作清洗处理工作。

课\后\练\习

一、选择题

1. 下面不属于 Hive 的数学函数的是（　　）。
   A．round()　　　　B．ceil()　　　　C．rand()　　　　D．size()

2．下面关于函数的描述不正确的是（　　）。

　　A．to_date() 用于日期的转换

　　B．cast() 用于数据类型转换

　　C．sort_array() 可按自然顺序对数组进行排序并返回

　　D．map_keys() 可返回集合中的所有 key

3．下面说法正确的是（　　）。

　　A．Hive 不但支持内置函数，还可以自定义函数

　　B．常用的自定义函数有 UDFE、UDTF 和 UDAF

　　C．自定义函数的产生是为了丰富 Hive 的使用

　　D．Hive 支持多种语言编写自定义函数

二、判断题

1．Hive 提供了许多内置函数，但是当提供的内置函数无法满足业务的需要时，就需要用户根据需求进行自定义函数。　　　　　　　　　　　　　　　　　　　　　　（　　）

2．Hive 的自定义函数可以使用 Python 语言来编写。　　　　　　　　　　　（　　）

3．创建自定义 UDF，需要实现 evaluate() 方法。　　　　　　　　　　　　　（　　）

三、填空题

1．常用的聚合函数包括_____。

2．UDF 作用于_____数据行，并且产生一个数据行作为输出。大多数函数都属于这一类。

3．_____可用来将一行输入拆分成多行输出。

四、简答题

1．简单说明 Hive 的函数分类。

2．简述 Hive 自定义函数的种类和作用。

3．简述 Hive 的 UDAF 函数创建流程。

4．简述 Hive 的自定义函数使用流程。

Project 7

项目7
基于Hive的Java API操作影视数据

本项目以影视数据管理为背景，主要介绍了如何使用 Beeline 进行客户端远程连接，以及如何使用 Hive 的 API 对影视数据进行常用管理操作，包括数据仓库的创建、影视数据表的验证，影视数据的导入、以及影视数据是否导入成功的验证和影视数据仓库的后期维护处理。

职业能力目标：

- 掌握 Beeline 的作用以及如何连接 Hive。
- 掌握 Hive 的 JDBC 连接、API 操作以及如何开发应用。

项目7
基于Hive的Java API操作影视数据

任务　应用 Java API 操作和维护影视数据

任务描述

某影视数据分析平台为了实现对平台的数据管理、了解运营情况，对该平台的 Hive 数据仓库进行开发操作。现在需要使用 Hive API 对 Hive 进行管理操作，实现对数据仓库的数据管理。

任务分析

首先进行影视数据结构分析。影视数据的部分数据存放在 dat0204.log 文件中，数据的字段包括电影名称、上映时间、票房，如下所示：

```
《不爱不散》,2014.1.10,52
《顺风车》,2015.6.5,85
《小门神》,2016.1.1,188
《百变爱人》,2014.4.11,71
《睡在我上铺的兄弟》,2016.4.1,49
《情剑》,2015.8.7,172
《熊出没之年货》,2014.1.30,107
《烈日灼心》,2015.8.27,204
《床下有人2》,2014.8.22,39
《后会无期》,2014.7.24,117
```

现在需要使用 Hive 的 API 对数据管理，分为如下几步：
- 数据仓库的创建。
- 查看是否创建成功和结构是否正确。
- 导入影视项目数据。
- 验证数据是否成功导入。
- 数据表的后期维护。

必备知识

1．Beeline 简介

Beeline 是 Hive 新的客户端工具，用于替代 Hive CLI。

Beeline 是 HiveServer2 的 JDBC 客户端，基于 SQLLine 命令行接口。Beeline shell 支持嵌入式模式和远程模式。在嵌入式模式中，它运行一个嵌入式的 Hive（类似于 Hive CLI）；在远程模式中，通过 Thrift 连接到一个单独的 HiveServer2 进程。从 Hive 0.14 开始，当 Beeline 和 HiveServer2 一起使用时，它会从 HiveServer2 打印执行查询的日志信息到 STDERR。建议在生产环境中使用远程 HiveServer2 模式,因为这样更安全,不需要为用户授予直接的 HDFS/MetaStore 访问权限。

2．Beeline 连接 Hive

Hive 的运行依赖于 Hadoop,需要先启动 Hadoop;而 Beeline 的运行需要先启动 HiveServer2。

1）启动 HiveServer2：

hiveserver2 &

或者：

hive --service hiveserver2 &

说明："&"代表后台启动的意思。

2）启动 Beeline：

beeline

或者：

hive --service beeline

3）连接到 Hive。

需要在 Hadoop 的配置文件中添加以下配置：

允许连接任何 hosts：

```
<property>
<name>hadoop.proxyuser.hadoop.hosts</name>
<value>*</value>
</property>
```

允许连接任何用户：

```
<property>
<name>hadoop.proxyuser.hadoop.groups</name>
<value>*</value>
</property>
```

若上面的内容不配置,则会出现"User: root is not allowed to impersonate root"的错误。

注意：需重新启动 Hadoop 集群。

连接代码如下：

!connect jdbc:hive2://localhost:10000 –n root –w 123456

这里连接 hostname 为 localhost、用户为 root、密码为 123456 的 Hive,如图 7-1 所示。参数 -n 和 -w 可以省略。

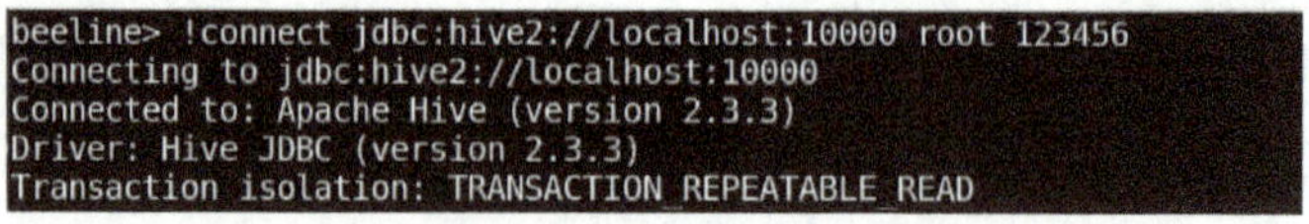

图 7-1　连接到 Hive

查看表，如图 7-2 所示。

图 7-2　查看表

退出连接，如图 7-3 所示。

图 7-3　退出连接

连接 default 数据库，代码如下：

!connect jdbc:hive2://localhost:10000/default

这里，在后面直接加上数据库名称即可，可以根据提示输入用户名和密码。

3．JDBC 介绍

JDBC（Java DataBase Connectivity，Java 数据库连接）是一种用于执行 SQL 语句的 Java API，可以为多种关系数据库提供统一访问，它由一组用 Java 语言编写的类和接口组成。HiveServer2 也有一个 JDBC 驱动程序。它支持对 HiveServer2 的嵌入式访问和远程访问。

4．Hive 的 JDBC 连接

Hive 的 JDBC 连接可以使用命令行（前面的 Beeline 连接）和 Java API 两种方式。

使用 Java API 连接 Hive 的流程：

1）启动 HiveServer2 服务：

hive --service hiveserver2 &

查看 HiveServer2 是否已经开启，如图 7-4 所示。

图 7-4　查看 HiveServer2 是否已经开启

2）创建 Maven 项目，添加依赖包。

注意：使用的 jar 包最好与 Hadoop 和 Hive 的版本相对应，否则可能会报错。

3）代码实现：

package com.hadoop.hive.jdbc;

import java.sql.Connection;
import java.sql.DriverManager;
import java.sql.PreparedStatement;

```java
import java.sql.SQLException;
import java.sql.Statement;
public class JDBCToHiveUtils {
    public static void main(String[] args) throws SQLException, ClassNotFoundException {
        // 加载 HiveServer2 JDBC 驱动程序
        Class.forName("org.apache.hive.jdbc.HiveDriver");
        // 通过 Connection 使用 JDBC 驱动程序创建对象来连接到数据库
        Connection con = DriverManager.getConnection("jdbc:hive2://192.168.91.137:10000/default", "root", "123456");
        // 通过创建 Statement 对象并使用其 createStatement() 方法将 SQL 提交到数据库
        Statement stmt = con.createStatement();
        // 使用 execute() 方法创建数据库 db_hive
        boolean execute = stmt.execute("create database if not exists db_hive");
        System.out.println("Database userdb created successfully.");
        // 关闭连接
        con.close();
    }
}
```

5．JDBC 数据类型

JDBC 驱动程序会将 Java 的数据类型转换为对应的 JDBC 类型，然后将其发送到数据库。它为大多数数据类型提供并使用默认映射。

表 7-1 为 HiveServer2 JDBC 实现的数据类型。

表 7-1　HiveServer2 JDBC 实现的数据类型

Hive 的类型	Java 的类型	大小
TINYINT	byte	有符号或无符号的 1 字节整数
SMALLINT	short	有符号的 2 字节整数
INT	int	4 字节整数
BIGINT	long	有符号的 8 字节整数
FLOAT	double	单精度数（约 7 位数）
DOUBLE	double	双精度数（约 15 位）
DECIMAL	jave.math.BigDecimal	固定精度十进制值
BOOLEAN	boolean	1 位（0 或 1）
STRING	String	字符串或可变长度字符串
TIMESTAMP	jave.sql.Timestamp	日期和时间值
BINARY	String	二进制数据
ARRAY	String-json encoded	一种数组类型的值
MAP	String-json encoded	键值对
STRUCT	String-json encoded	变量集合

对 Hive 的操作有两种方式：一种是使用命令行的方式，另一种是使用 Java API 方式。使用 Java API 方式对 Hive 的操作大部分在生产中应用。

6. 创建数据库/表

1）启动 HiveServer2 服务：

hive --service hiveserver2 &

查看 HiveServer2 是否已经开启，如图 7-5 所示。

图 7-5　查看 HiveServer2 是否已经开启

2）创建 Maven 项目，添加依赖包。

注意：使用的 jar 包最好与 Hadoop 和 Hive 的版本相对应，否则可能会报错。

3）创建 JDBCToCreateDataBase 类：

package com.hadoop.hive.API;

public class JDBCToCreateDataBase {
　　public static void main(String[] args) {

　　}
}

4）编写连接到 Hive 的代码。

forName()：通过该方法可以加载 HiveServer2 JDBC 的驱动程序。

getConnection(URL,username,password)：通过该方法可以创建 JDBC 的驱动程序，用来连接 Hive。参数 URL：jdbc:hive2://ip:port/ 数据库；参数 username：用户名；参数 password：密码。

// 加载 HiveServer2 JDBC 驱动程序
Class.forName("org.apache.hive.jdbc.HiveDriver");
// 通过 Connection 使用 JDBC 驱动程序创建对象来连接到数据库
Connection con = DriverManager.getConnection("jdbc:hive2://192.168.91.137:10000/default", "root", "123456");

5）创建数据库。

createStatement()：通过该方法创建 Statement 对象，用于将 SQL 语句提交到 Hive 执行。

execute()：通过该方法执行 SQL 语句。

// 通过创建 Statement 对象并使用其 createStatement() 方法将 SQL 提交到数据库
Statement stmt = con.createStatement();
// 使用 execute 方法创建数据库 db_hive
String createDatabaseSql="create database if not exists db_hive";
stmt.execute(createDatabaseSql);
System.out.println("Runing"+createDatabaseSql);

6）创建表。

这里直接将执行的 SQL 语句替换即可：

String createTableSql="create table if not exists data(id int,name string)";
stmt.execute(createTableSql);
System.out.println("Runing"+createTableSql);

7）关闭连接。

与数据库的连接是有连接数限制的，同时关闭连接也可以释放资源，所以在使用完数据库后需要关闭连接。关闭连接的代码如下：

con.close();

8）运行检测。

直接运行程序，可以看到控制台的打印信息，如图7-6所示。

```
2019-04-23 11:37:53,685 main WARN Unable to instantiate org.fusesource.jansi.WindowsAnsiOutputStream
2019-04-23 11:37:53,695 main WARN Unable to instantiate org.fusesource.jansi.WindowsAnsiOutputStream
2019-04-23T11:37:53,903 INFO [main] org.apache.hive.jdbc.Utils - Supplied authorities: 192.168.91.137:10000
2019-04-23T11:37:53,907 INFO [main] org.apache.hive.jdbc.Utils - Resolved authority: 192.168.91.137:10000
Runingcreate database if not exists db_hive
Runingcreate table if not exists data(id int,name string)
```

图7-6 控制台打印信息

使用命令行查看信息：

show databases;
show tables;

完整代码：

```java
package com.hadoop.hive.API;

import java.sql.Connection;
import java.sql.DriverManager;
import java.sql.SQLException;
import java.sql.Statement;
public class JDBCToCreateDataBase {
    public static void main(String[] args) throws SQLException, ClassNotFoundException {
        // 加载 HiveServer2 JDBC 驱动程序
        Class.forName("org.apache.hive.jdbc.HiveDriver");
        // 通过 Connection 使用 JDBC 驱动程序创建对象来连接到数据库
        Connection con = DriverManager.getConnection("jdbc:hive2://192.168.91.137:10000/default", "root", "123456");
        // 通过创建 Statement 对象并使用其 createStatement() 方法将 SQL 提交到数据库
        Statement stmt = con.createStatement();
        // 使用 execute() 方法创建数据库 db_hive
        String createDatabaseSql="create database if not exists db_hive";
        stmt.execute(createDatabaseSql);
        System.out.println("Runing"+createDatabaseSql);
        String createTableSql="create table if not exists data(id int,name string)";
        stmt.execute(createTableSql);
        System.out.println("Runing"+createTableSql);
        // 关闭连接
        con.close();
    }
}
```

7．查询表结构/表

基于查询的API允许提交和执行某些HiveQL的子集。API客户端需要解析和解释任何返回的值。

1）在之前的创建基础上操作。

2）创建一个新的类 DescTable：

```
package com.hadoop.hive.API;

public class DescTable{
    public static void main(String[] args) {

    }
}
```

3）编写连接到 Hive 的代码：

```
// 加载 HiveServer2 JDBC 驱动程序
Class.forName("org.apache.hive.jdbc.HiveDriver");
// 通过 Connection 使用 JDBC 驱动程序创建对象来连接到数据库
Connection con = DriverManager.getConnection("jdbc:hive2://192.168.91.137:10000/default", "root", "123456");
```

4）查询表结构。

executeQuery()：该方法是 Statement 对象的方法，用来执行查询的 SQL 语句。

```
// 通过创建 Statement 对象并使用其 createStatement() 方法将 SQL 提交到数据库
Statement stmt = con.createStatement();
String sql = "desc data";
System.out.println("Running: " + sql);
ResultSet rs = stmt.executeQuery(sql);
```

5）对查询结果遍历。

查询出来的结果是一个集合，所以需要对集合遍历输出才可以获取结果，这里使用 while 循环获取。

```
while (rs.next()) {
    System.out.println(" 数据类型："+rs.getString(1)+" 字段："+rs.getString(2));
}
```

6）执行代码并查看结果。

直接运行代码，查看控制台的打印内容，如图 7-7 所示。

```
2019-04-23 14:44:40,693 main WARN Unable to instantiate org.fusesource.jansi.WindowsAnsiOutputStream
2019-04-23 14:44:40,704 main WARN Unable to instantiate org.fusesource.jansi.WindowsAnsiOutputStream
2019-04-23T14:44:40,950 INFO [main] org.apache.hive.jdbc.Utils - Supplied authorities: 192.168.91.137:100
2019-04-23T14:44:40,954 INFO [main] org.apache.hive.jdbc.Utils - Resolved authority: 192.168.91.137:10000
Running: desc data
数据类型：id   字段：int
数据类型：name  字段：string
```

图 7-7 控制台的打印内容

7）查询表。

这里直接将执行的 SQL 语句替换即可：

```
String showSql = "show tables";
System.out.println("Running:" + showSql);
```

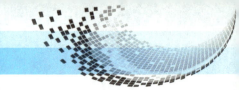

数据仓库技术及应用

```
ResultSet rs1 = stmt.executeQuery(showSql);
while (rs1.next()) {
    System.out.println(rs1.getString(1));
}
```

完整代码如下：

```java
package com.hadoop.hive.API;

import java.sql.Connection;
import java.sql.DriverManager;
import java.sql.ResultSet;
import java.sql.SQLException;
import java.sql.Statement;
public class DescTable {
    public static void main(String[] args) throws SQLException, ClassNotFoundException {
        // 加载 HiveServer2 JDBC 驱动程序
        Class.forName("org.apache.hive.jdbc.HiveDriver");
        /* 使用 JDBC 驱动程序创建对象来连接到数据库，getConnection(URL,username,password)*/
        Connection con = DriverManager.getConnection("jdbc:hive2://192.168.91.137:10000/default", "root", "123456");
        // 通过创建 Statement 对象并使用其 createStatement() 方法将 SQL 提交到数据库
        Statement stmt = con.createStatement();
        // 查询表结构
        String descSql = "desc data";
        System.out.println("Running: " + descSql);
        ResultSet rs = stmt.executeQuery(descSql);
        while (rs.next()) {
            System.out.println(" 数据类型："+rs.getString(1)+" 字段："+rs.getString(2));
        }
        // 查询所有表
        String showSql = "show tables";
        System.out.println("Running:" + showSql);
        ResultSet rs1 = stmt.executeQuery(showSql);
        while (rs1.next()) {
            System.out.println(rs1.getString(1));
        }

        // 关闭连接
        con.close();
    }
}
```

8．加载数据

加载数据，将数据导入 Hive 所创建的表中。通过 Statement 对象的 execute() 来实现 HiveQL 语句的转化，提交给 HiveServer2 实现数据加载。

1）在之前的创建基础上操作。

项目7 基于Hive的Java API操作影视数据

2）创建 LoadData 类：

```
package com.hadoop.hive.API;

public class LoadData {
    public static void main(String[] args) {

    }
}
```

3）编写连接到 Hive 的代码：

```
// 加载 HiveServer2 JDBC 驱动程序
Class.forName("org.apache.hive.jdbc.HiveDriver");
// 通过 Connection 使用 JDBC 驱动程序创建对象来连接到数据库
Connection con = DriverManager.getConnection("jdbc:hive2://192.168.91.137:10000/default", "root", "123456");
```

4）加载数据实现。

execute()：通过该方法提交 HiveQL 语句。

```
// 通过创建 Statement 对象并使用其 createStatement() 方法将 SQL 提交到数据库
Statement stmt = con.createStatement();
String sql = "load data local inpath '/root/a.log' overwrite into table data";
System.out.println("Running: " + sql);
stmt.execute(sql);
```

5）验证。

直接运行代码，查看控制台打印信息，如图 7-8 所示。

```
2019-04-23 17:45:50,297 main WARN Unable to instantiate org.fusesource.jansi.WindowsAnsiOutputStream
2019-04-23 17:45:50,306 main WARN Unable to instantiate org.fusesource.jansi.WindowsAnsiOutputStream
2019-04-23T17:45:50,491 INFO [main] org.apache.hive.jdbc.Utils - Supplied authorities: 192.168.91.137:10000
2019-04-23T17:45:50,494 INFO [main] org.apache.hive.jdbc.Utils - Resolved authority: 192.168.91.137:10000
Running: load data local inpath '/root/a.log' overwrite into table data
```

图 7-8 查看控制台打印信息

在 Hive 中查看是否导入成功，如图 7-9 所示。

```
hive> select * from data;
OK
1       zhangfei
2       liuting
3       lixue
4       caiyilin
Time taken: 0.402 seconds, Fetched: 4 row(s)
```

图 7-9 查看是否导入成功

完整代码如下：

```
package com.hadoop.hive.API;

import java.sql.Connection;
import java.sql.DriverManager;
import java.sql.SQLException;
import java.sql.Statement;
public class LoadData {
```

```java
public static void main(String[] args) throws ClassNotFoundException, SQLException {
    // 加载 HiveServer2 JDBC 驱动程序
    Class.forName("org.apache.hive.jdbc.HiveDriver");
    /* 使用 JDBC 驱动程序创建对象来连接到数据库，getConnection(URL,username,password)*/
    Connection con = DriverManager.getConnection("jdbc:hive2://192.168.91.137:10000/default", "root", "123456");
    // 通过创建 Statement 对象并使用其 createStatement() 方法将 SQL 提交到数据库
    Statement stmt = con.createStatement();
    String sql = "load data local inpath '/root/a.log' overwrite into table data";
    System.out.println("Running: " + sql);
    stmt.execute(sql);
    con.close();
}
```

9．删除库表

1）在之前的创建基础上操作。

2）创建 DeleteTable 类：

```java
package com.hadoop.hive.API;

public class DeleteTable {
    public static void main(String[] args) {

    }
}
```

3）编写连接到 Hive 的代码：

```java
// 加载 HiveServer2 JDBC 驱动程序
Class.forName("org.apache.hive.jdbc.HiveDriver");
// 通过 Connection 使用 JDBC 驱动程序创建对象来连接到数据库
Connection con = DriverManager.getConnection("jdbc:hive2://192.168.91.137:10000/default", "root", "123456");
```

4）删除库 / 表

这里直接替换之前的 SQL 语句即可：

```java
// 通过创建 Statement 对象并使用其 createStatement() 方法将 SQL 提交到数据库
Statement stmt = con.createStatement();
String sql = "drop table if exists data";
System.out.println("Running: " + sql);
stmt.execute(sql);
```

5）验证。

直接运行，查看控制台的信息，如图 7-10 所示。

```
2019-04-23 18:36:36,399 main WARN Unable to instantiate org.fusesource.jansi.WindowsAnsiOutputStream
2019-04-23 18:36:36,409 main WARN Unable to instantiate org.fusesource.jansi.WindowsAnsiOutputStream
2019-04-23T18:36:36,626 INFO [main] org.apache.hive.jdbc.Utils - Supplied authorities: 192.168.91.137:10000
2019-04-23T18:36:36,631 INFO [main] org.apache.hive.jdbc.Utils - Resolved authority: 192.168.91.137:10000
Running: drop table if exists data
```

图 7-10　查看控制台信息

项目7
基于Hive的Java API操作影视数据

任务实施

1. 准备任务实施环境

1）启动 Hadoop：

```
start-all.sh
```

2）启动 HiveServer2 服务：

```
hive --service hiveserver2 &
```

接着查看 HiveServer2 是否已经开启。

3）创建 Maven 项目，添加依赖包。

注意：使用的 jar 包最好与 Hadoop 和 Hive 的版本相对应，否则可能会报错。

2. 对影视数据程序的开发

考虑到代码的耦合性以及面向对象的语言特点，这里会将数据仓库连接、创建、删除、查询、导入等操作进行封装。

1）创 Hive API 类。

2）连接 Hive 的远程客户端。

将连接 Hive 的代码封装到 getConn() 方法中：

```java
private static Connection conn = null;
    private static Statement stmt = null;
    private static ResultSet rs = null;
    private static String driverName="org.apache.hive.jdbc.HiveDriver";
    private static String url="jdbc:hive2://192.168.91.137:10000";
    private static String user="root";
    private static String password="123456";
    // 连接数据仓库
    private static Connection getConn(){
            try {
                Class.forName(driverName);
                conn = DriverManager.getConnection(url, user, password);
                stmt = conn.createStatement();
            } catch (ClassNotFoundException e) {
                e.printStackTrace();
            } catch (SQLException e) {
                e.printStackTrace();
            }
            return conn;
}
```

3）创建影视数据的数据仓库。

创建 createTable() 方法，传入参数来创建表名称，并按照影视数据字段来创建：

```java
private static void createTable(String tableName)
            throws SQLException {
        String sql = "create table "
            + tableName
            + " (name string, time string,counts int)  row format delimited fields terminated by ',''";
        System.out.println("Running:" + sql);
        stmt.execute(sql);
}
```

4）查看创建好的影视数据仓库表。

创建 showTables() 方法：

```java
private static void showTables()
            throws SQLException {
        String sql = "show tables";
        System.out.println("Running:" + sql);
        rs= stmt.executeQuery(sql);
        while (rs.next()) {
            System.out.println(rs.getString(1));
        }
}
```

5）查询影视数据仓库表信息。

创建 describeTables() 方法，传入参数来查询表名称：

```java
private static void describeTables(String tableName)
            throws SQLException {
        String sql = "describe " + tableName;
        System.out.println("Running:" + sql);
        rs = stmt.executeQuery(sql);
        while (rs.next()) {
            System.out.println(rs.getString(1) + "\t" + rs.getString(2));
        }
}
```

6）导入影视数据。

创建 loadData() 方法，传入参数来导入表名称以及数据位置：

```java
private static void loadData(String tableName, String filepath)
            throws SQLException {
        String sql = "load data local inpath '" + filepath + "' into table "
            + tableName;
        System.out.println("Running:" + sql);
        stmt.execute(sql);
}
```

7）对导入的影视数据进行查询。

创建 selectData() 方法，传入参数来查询表名称：

```java
private static void selectData(String tableName)
            throws SQLException {
        String sql = "select * from " + tableName;
        System.out.println("Running:" + sql);
        rs = stmt.executeQuery(sql);
        while (rs.next()) {
            System.out.println(rs.getInt(1) + "\t" + rs.getString(2));
        }
    }
```

8）维护数据，删除影视数据的表。

创建 dropTable() 方法，传入参数来删除表名称：

```java
private static void dropTable(String tableName) throws SQLException {
        String sql = "drop table " + tableName;
        System.out.println("Running:" + sql);
        stmt.execute(sql);
}
```

9）关闭连接。

关闭连接数据仓库的传输资源：

```java
private static void destory() throws SQLException {
            if (rs != null) {
                rs.close();
            }
            if (stmt != null) {
                stmt.close();
            }
            if (conn != null) {
                conn.close();
            }
}
```

10）测试代码。

这里的测试是对所有的方法进行一次性测试，开发过程中最好对单独的方法进行测试，保证每个方法都没有问题的情况下进行所有测试。

```java
public static void main(String[] args) throws SQLException {
         // 表名
         String tableName="FilmData";
         // 导入数据本地路径
         String filepath="/data/dataset/dat0204.log";
         // 连接数据仓库
         conn = getConn();
         // 第一步：存在就先删除
         dropTable(tableName);
         // 第二步：不存在就创建
         createTable(tableName);
```

```
        // 第三步：查看创建的表
        showTables();
        // 执行 describe table 操作
        describeTables(tableName);
        // 执行 load data into table 操作
        loadData(tableName,filepath);
        // 执行 select * query 操作
        selectData(tableName);
        // 关闭数据仓库
        destory();
    }
```

运行后的控制台打印内容：

```
2019-05-06 10:13:16,923 main WARN Unable to instantiate org.fusesource.jansi.WindowsAnsiOutputStream
2019-05-06 10:13:16,933 main WARN Unable to instantiate org.fusesource.jansi.WindowsAnsiOutputStream
2019-05-06T10:13:17,111 INFO [main] org.apache.hive.jdbc.Utils - Supplied authorities: 192.168.91.137:10000
2019-05-06T10:13:17,113 INFO [main] org.apache.hive.jdbc.Utils - Resolved authority: 192.168.91.137:10000
2019-05-06T10:13:17,921 INFO [main] org.apache.hive.jdbc.Utils - Supplied authorities: 192.168.91.137:10000
2019-05-06T10:13:17,921 INFO [main] org.apache.hive.jdbc.Utils - Resolved authority: 192.168.91.137:10000
Running:drop table textTable
2019-05-06T10:13:18,917 INFO [main] org.apache.hive.jdbc.Utils - Supplied authorities: 192.168.91.137:10000
2019-05-06T10:13:18,917 INFO [main] org.apache.hive.jdbc.Utils - Resolved authority: 192.168.91.137:10000
Running:create table textTable (key int, value string) row format delimited fields terminated by ','
2019-05-06T10:13:19,608 INFO [main] org.apache.hive.jdbc.Utils - Supplied authorities: 192.168.91.137:10000
2019-05-06T10:13:19,609 INFO [main] org.apache.hive.jdbc.Utils - Resolved authority: 192.168.91.137:10000
Running:show tables
films
films_tablet
FilmData
useraction
weblog
Running:describe textTable
name        string
time        string
counts      int
2019-05-06T10:13:20,812 INFO [main] org.apache.hive.jdbc.Utils - Supplied authorities: 192.168.91.137:10000
2019-05-06T10:13:20,812 INFO [main] org.apache.hive.jdbc.Utils - Resolved authority: 192.168.91.137:10000
Running:load data local inpath '/data/dataset/info' into table textTable
```

```
2019-05-06T10:13:22,340 INFO [main] org.apache.hive.jdbc.Utils - Supplied authorities:
192.168.91.137:10000
2019-05-06T10:13:22,340 INFO [main] org.apache.hive.jdbc.Utils - Resolved authority:
192.168.91.137:10000
Running:select * from textTable
《不爱不散》,2014.1.10,52
《顺风车》,2015.6.5,85
《小门神》,2016.1.1,188
《百变爱人》,2014.4.11,71
《睡在我上铺的兄弟》,2016.4.1,49
《情剑》,2015.8.7,172
《熊出没之年货》,2014.1.30,107
《烈日灼心》,2015.8.27,204
《床下有人 2》,2014.8.22,39
《后会无期》,2014.7.24,117
《天各一方》,2015.10.9,131
《撒娇女人最好命》,2014.11.28,17
《小时代 4：灵魂尽头》,2015.7.9,65
《魁拔Ⅲ战神崛起》,2014.10.1,95
```

完整的代码如下：

```java
package com.hadoop.hive.API;

import java.sql.Connection;
import java.sql.DriverManager;
import java.sql.ResultSet;
import java.sql.SQLException;
import java.sql.Statement;
public class HiveAPI {
    private static Connection conn = null;
    private static Statement stmt = null;
    private static ResultSet rs = null;
    private static String driverName="org.apache.hive.jdbc.HiveDriver";
    private static String url="jdbc:hive2://192.168.91.137:10000";
    private static String user="root";
    private static String password="123456";
    // 连接数据仓库
    private static Connection getConn(){
        try {
            Class.forName(driverName);
            conn = DriverManager.getConnection(url, user, password);
            stmt = conn.createStatement();
        } catch (ClassNotFoundException e) {
            e.printStackTrace();
        } catch (SQLException e) {
```

```java
                    e.printStackTrace();
            }
        return conn;
}
    // 创建表
    private static void createTable(String tableName)
                throws SQLException {
            String sql = "create table "
                    + tableName
                    + " (film string,time string,counts int)  row format delimited fields terminated by ','";
            System.out.println("Running:" + sql);
            stmt.execute(sql);
    }
    // 查看表
    private static void showTables()
                throws SQLException {
            String sql = "show tables";
            System.out.println("Running:" + sql);
            rs= stmt.executeQuery(sql);
            while (rs.next()) {
                    System.out.println(rs.getString(1));
            }
    }
    // 查询表信息
    private static void describeTables(String tableName)
                throws SQLException {
            String sql = "describe " + tableName;
            System.out.println("Running:" + sql);
            rs = stmt.executeQuery(sql);
            while (rs.next()) {
                    System.out.println(rs.getString(1) + "\t" + rs.getString(2));
            }
    }
    // 导入数据
    private static void loadData(String tableName, String filepath)
                throws SQLException {
            String sql = "load data local inpath '" + filepath + "' into table "
                    + tableName;
            System.out.println("Running:" + sql);
            stmt.execute(sql);
    }
    // 数据查询
    private static void selectData(String tableName)
                throws SQLException {
            String sql = "select * from " + tableName;
```

```java
                System.out.println("Running:" + sql);
                rs = stmt.executeQuery(sql);
                while (rs.next()) {
                    System.out.println(rs.getInt(1) + "\t" + rs.getString(2));
                }
        }
        // 删除表
        private static void dropTable(String tableName) throws SQLException {
                String sql = "drop table " + tableName;
                System.out.println("Running:" + sql);
                stmt.execute(sql);
        }
        // 关闭连接
        private static void destory() throws SQLException {
                if (rs != null) {
                    rs.close();
                }
                if (stmt != null) {
                    stmt.close();
                }
                if (conn != null) {
                    conn.close();
                }
        }
        public static void main(String[] args) throws SQLException {
            String tableName="FilmData";
            String filepath="/data/dataset/dat0204.log";
            // 连接数据仓库
            conn = getConn();
            // 第一步：存在就先删除
            dropTable(tableName);
            // 第二步：不存在就创建
            createTable(tableName);
            // 第三步：查看创建的表
            showTables();
            // 执行 describe table 操作
            describeTables(tableName);
            // 执行 load data into table 操作
            loadData(tableName,filepath);
            // 执行 select * query 操作
            selectData(tableName);
            // 关闭数据仓库
            destory();
        }
}
```

任务拓展

完成影视数据的后期维护，将"dat0203.log"数据追加到数据仓库中，并对其验证。

项\目\小\结

本项目主要介绍了如何使用 Hive 的 Java API 操作和维护影视数据，主要内容包括数据仓库的创建、影视数据表的验证、影视数据的导入以及影视数据的分析和维护处理。

课\后\练\习

一、选择题

1．下面（　　）方式不可以访问到 Hive 的客户端。

　　A．Java API　　　B．Hive CLI　　　C．Beeline　　　D．HDFS

2．下面关于 Java API 的描述不正确的是（　　）。

　　A．Java API 是由 Java 语言编写的用于访问和使用的程序

　　B．Hive 支持 Java API 的使用

　　C．使用 Java API 来编写 Hive 程序时，需要提前导入对应的 jar 包

　　D．Java API 不支持 Hive 的访问

3．下面不是 Java API 中 Hive 数据类型的是（　　）。

　　A．int　　　　　B．string　　　　C．double　　　　D．map

二、判断题

1．Beeline 是 Hive 新的客户端工具，用于替代 Hive CLI。　　　　　　　　（　　）

2．Hive 的运行依赖于 Hadoop，需要先启动 Hadoop；而 Beeline 的运行需要先启动 HiveServer2。　　　　　　　　　　　　　　　　　　　　　　　　　　　　　（　　）

3．JDBC（Java DataBase Connectivity，Java 数据库连接）是一种用于执行 SQL 语句的 Java API，可以为多种关系数据库提供统一访问，它由一组用 Java 语言编写的类和接口组成。

（　　）

三、填空题

1．Hive 的 JDBC 连接可以使用命令行和　　　　　　两种方式。

2．HiveServer2 也有一个 JDBC 驱动程序。它支持对 HiveServer2 的嵌入式访问和　　　　　　访问。

3．在嵌入式模式中，Beeline shell 运行一个嵌入式的 Hive（类似于 Hive CLI）；在远程模式中，通过 Thrift 连接到一个单独的_____进程。

四、简答题

1．简述 Beeline 客户端与 Hive CLI 客户端的区别。

2．简述 Hive API 连接 Hive 客户端的步骤。

3．简述 Hive 的 JDBC 连接的工作原理和应用。

4．简述 Hive API 的数据仓库的创建流程。

5．简述使用 Hive API 执行 DDL 语句和执行 DQL 语句的区别。

Project 8

项目8
电商数据分析综合案例

本项目演示了收集电商平台用户行为数据，进行多维度统计分析，以便于掌握电商平台网站线上运营和销售情况。完成了各省市订单数量、各个年龄段的人群订单量对比分析、用户行为统计分析、销售量前十的商品类别的统计以及统计结果的可视化展示，为运营部门分析业务展开情况，为优化网站提供依据。

职业能力目标：

- 掌握数据仓库的综合应用分析。
- 理解整个案例流程以及需求分析。

任务 电商数据多维度分析及可视化

任务描述

大数据作为时下非常火热的 IT 行业的技术，随之而来的数据仓库、数据安全、数据分析、数据挖掘等，围绕大数据价值的利用，逐渐成为行业人士争相追捧的热点。随着大数据时代的来临，大数据分析也应运而生。

大数据分析就是将海量碎片化的信息数据及时地进行筛选、分析，并最终归纳、整理出企业需要的决策资讯，从而使企业在市场上拥有更强的竞争力和不断创新的能力。对于拥有巨大价值和能量的大数据，企业如何面对信息时代的冲击和进行管理转型已成为必须要作出的选择。因此，如何运用已有的先进数据分析技术寻求有效的大数据分析、数据挖掘和可视化效果展现已成为当今企业运营和大数据技术发展的重中之重。

Hive 是基于 Hadoop 构建的一套数据仓库分析系统，是数据挖掘的一个工具（利用 MapReduce 挖掘 HDFS 上的数据）。Hive 的使用节省了代码的编写，在很多企业中具有广泛的应用。

任务分析

1. 目的需求

电商网站上线后，通过对收集的用户行为数据进行多维度统计分析，人们可掌握网站线上运营情况，供运营部门分析业务展开情况，进行网站优化、广告投入，以及进行更好的促销和精准营销等活动。电商平台大数据分析如图 8-1 所示。

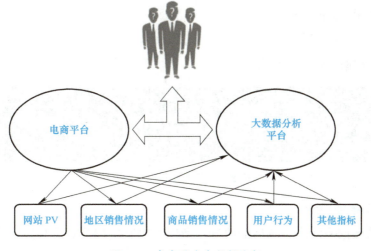

图 8-1 电商平台大数据分析

本任务将分别从统计各省订单数量、各个年龄段的人群订单量对比分析、用户行为统计分析、销售量前十的商品类别的统计这四个方向作业务分析，从而促进电商业务产生更多的效益。

2．技术选型

这里以 Hadoop 作为分布式计算存储平台，以 Hive 作为数据仓库分析系统，使用 Sqoop 进行 HDFS 和 MySQL 数据库之间的数据迁移和转换，使用典型的 Web 框架把数据库中的数据以 Echarts 的曲线和分布图的形式展现出来。

3．数据结构分析

这里选用清洗完后的 2018-07-12 的数据

数据字段如下：

1）user_id：买家 id。

2）item_id：商品 id。

3）cat_id：商品类别 id。

4）merchant_id：卖家 id。

5）brand_id：品牌 id。

6）month：交易时间为月。

7）day：交易时间为日。

8）action：行为。

9）age_range：买家年龄段。

10）gender：性别（0 为男，1 为女）。

11）province：收货地址省份。

12）item_uuid：商品 uuid。

13）userscore：用户评分。

各字段样本数据如图 8-2 所示。

```
60991,1086400,1075,304,2210,06,06,0,0,0,上海市,f7e54268-ef41-4ced-9274-6331e68ef
3e9,5,https://item.jd.com/252491254.html
60991,692663,1075,4251,1119,06,06,0,6,1,吉林,ffa1d649-38dd-43bf-9d17-c5408ea69e9
8,0,https://item.jd.com/804309054.html
60991,750486,1075,1157,2514,06,06,0,7,2,内蒙古,c3fdfdb6-292b-4b42-be9a-e83aedc83
2e0,9,https://item.jd.com/863254742.html
```

图 8-2　各字段样本数据

4．数据分析模型设计

这里使用的数据是清洗完成后的数据，所以可以直接创建数据仓库，然后导入数据，对所需的需求进行统计分析。

项目 8
电商数据分析综合案例

数据来源于每天产生的用户交易数据,每一天统计分析的数据来源于前一天的数据。这里把每一天产生的数据按照日期分区,然后创建数据仓库,将每天清洗好的数据导入,并作目标分析,将分析的结果存入 Hive 的新建表中,并用导出工具 Sqoop 将分析好的数据导出到关系型数据库中,如图 8-3 所示。

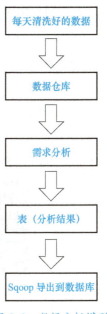

图 8-3 数据分析模型

必备知识

1. 分区的操作

在 Hive Select 查询中一般会扫描整个表内容,因此会消耗很多时间做没必要的工作。有时候只需要扫描表中人们关心的一部分数据即可,因此建表时引入了 partition 的概念。一个表可以拥有一个或者多个分区,分区是以字段的形式在表结构中存储的,通过 desc table 命令可以查看字段,但是该字段不存放实际的数据内容,仅仅是分区的表示。

分区分为静态分区和动态分区。

(1) 静态分区

静态分区又分为两种情况:一种是单分区,也就是说在表文件夹目录下只有一级文件夹目录;另一种是多分区,也就是说表文件夹下出现多文件夹嵌套模式。

1) 单分区。

① 创建分区表。创建 film 表,包含 name(电影名称)、dates(上映日期)、price(票房)三个字段,以城市作为分区,数据以","分隔:

```
create table film(name string,dates string,price int) partitioned by (city string) row format delimited fields terminated by ',';
```

以上代码中,partitioned by 用于指定分区的名称以及类型。

② 导入数据。导入数据包括本地导入数据和 HDFS 导入数据。

语法:load data (local) inpath ' 路径 ' overwrite into table 表名 partition (city=' 具体分区 ');

这里将本地的 film_beijing.csv 文件数据加载到 film 表中北京分区下:

```
load data local inpath '/data/dataset/film_beijing.csv' overwrite into table film partition (city='beijing');
```

参数说明:

local 指定数据是本地导入。

overwrite into table 指定导入的 Hive 表。

partition 指定之前定义分区名称的具体分区内容。

③ 数据查询。对于分区表来说,不建议查询整个表的内容(select *),性能比较低。

建议查询时候加上条件。

select * from film where city='beijing';

查看表的分区信息：show partitions 表名。

④分区操作。

- 查看表中某个分区的数据。

语法：select * from 表名 where 分区条件。

查看 film 表数据北京分区的前五条，如图 8-4 所示。

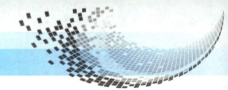

图 8-4　查看 film 表数据北京分区的前五条

- 增加分区。

语法：alter table 表名 add partition（定义的分区类别 = 分区名）。

在 film 表中添加上海分区：

alter table film add partition(city='shanghai');

- 删除分区。

语法：alter table 表名 drop partition 删除的分区名称。

alter table film drop partition(city='shanghai');

- 修改分区。

语法：alter table 表名 partition 分区 set location ' 新路径 '。

这里将分区的默认数据存储位置修改为 "/user/city/beijing"：

alter table film partition(city='beijing') set location 'hdfs://localhost:9000/user/city/beijing';

修改路径后，原来的数据是查询不到的，需要重新导入数据。

创建存储目录：

hadoop fs -mkdir -p /user/city/beijing

重新上传数据：

hadoop fs -put /data/dataset/film_beijing.csv /user/city/beijing/

2）多分区。

①创建分区表。创建 films 表，包含 name（电影名称）、dates（上映日期）、price（票房）三个字段，以城市和创建时间作为分区，数据以 "," 分隔：

```
create table films(name string,dates string,price int) partitioned by (city string,create_date string) row format delimited fields terminated by ',';
```

以上代码中，city 为主分区，create_date 为副分区。

②导入数据。将本地的 film_shanghai.csv 文件数据加载到 film 表中上海分区下：

```
load data local inpath '/data/dataset/film_shanghai.csv' overwrite into table films partition (city='shanghai',create_date='2019-01-04');
```

（2）动态分区

对于多分区 Hive 表，如果需要导入表中的数据量特别大，针对表中的一个分区就需要进行一次数据插入，特别麻烦。使用动态分区可以解决这个问题。动态分区可以根据查询得到的数据自动匹配到相应的分区中。

Hive 中默认是静态分区，要想使用动态分区，需要设置相应参数。这里只用临时设置（永久设置需要在 hive-site.xml 中进行）。

开启动态分区（默认为 false）：

```
set hive.exec.dynamic.partition=true;
```

接着指定动态分区模式，默认为 strict（必须指定至少一个分区为静态分区），这里修改为 nonstrict（允许所有的分区字段都可以使用动态分区）：

```
set hive.exec.dynamic.partition.mode=nonstrict;
```

2．动态分区表的使用

先创建一个 new_films 表，指定城市和上映时间两个分区：

```
create table new_films(name string,price int) partitioned by (city string,begin_dates string) row format delimited fields terminated by ',';
```

将 films 表中的 name、price、dates 字段插入 new_films 表中，其中 city 为静态分区，begin_dates 为动态分区，对 films 表中的数据进行动态分区：

```
insert overwrite table new_films partition(city='beijing',begin_dates) select name,price,dates from films limit 100;
```

说明：这里的 city 是静态分区，begin_dates 为动态分区。按照位置来说，city 为主分区，begin_dates 为副分区。动态分区不允许主分区采用动态列而副分区采用静态列，这样将导致所有的主分区都要创建副分区静态列所定义的分区。动态分区插入的分区字段必须是查询语句中出现的字段中的最后一个。

查看分区后的前十条数据，如图 8-5 所示。

```
hive> select * from new_films limit 10;
OK
《怒放之青春再见》    28      beijing 2014.1.10
《恶战》              94      beijing 2014.1.10
《不爱不散》           52      beijing 2014.1.10
《熊出没之年货》       107     beijing 2014.1.30
《爸爸去哪儿》         83      beijing 2014.1.31
《前任攻略》           176     beijing 2014.1.31
《澳门风云》           17      beijing 2014.1.31
《西游记之大闹天宫》   132     beijing 2014.1.31
《痞子英雄2：黎明升起》 28     beijing 2014.10.1
《痞子英雄2：黎明升起》 34     beijing 2014.10.1
Time taken: 0.361 seconds, Fetched: 10 row(s)
```

图 8-5　查看分区后的前十条数据

注意：插入表的字段一定要匹配目标表的字段。

3．数据迁移工具 Sqoop 的使用

首先需要在 MySQL 中创建好目标表 stduents，并对应 HDFS 中数据的字段。

（1）创建 data 数据库

```
create database data;
```

在 data 数据库中创建 students 表（id、name、score），并指定 id 为主键：

```
use data;
create table students(id int(5) primary key,name varchar(20),score int(5));
```

编写数据，如图 8-6 所示。

```
root@localhost:~# cat students
1,liming,90
2,zhangfei,85
3,liuxin,60
```

图 8-6　编写数据

（2）上传数据到 HDFS 的 /result 目录

```
hadoop fs -put ~/students /result
```

查看上传的数据，如图 8-7 所示。

```
root@localhost:~# hadoop fs -cat /result/students
1,liming,90
2,zhangfei,85
3,liuxin,60
```

图 8-7　查看上传的数据

（3）指定导出目录

```
--export-dir ' 目录 '
```

将 HDFS 的"/result"目录下的文件导出到 MySQL 中 data 数据库的 students 表中：

```
sqoop export --connect jdbc:mysql://localhost:3306/data --username root -password 123456 --table students -m 1 --export-dir /result
```

参数说明：

--table：指定要导出的表。

-m：指定 map 的数量。

--export-dir：指定导出的目录，会导出该目录下的所有文件。

在 MySQL 中查看结果，如图 8-8 所示。

```
mysql> select * from students;
+----+----------+-------+
| id | name     | score |
+----+----------+-------+
|  1 | liming   |    90 |
|  2 | zhangfei |    85 |
|  3 | liuxin   |    60 |
+----+----------+-------+
3 rows in set (0.00 sec)
```

图 8-8　在 MySQL 中查看结果 1

（4）指定解析 HDFS 数据的分隔符

有时候，Sqoop 没有办法自动识别分隔符，默认是逗号，需要人们来指定。指定分隔符的语法如下：

```
input-fields-terminated-by ' 分隔符 '
```

将 HDFS 中的“/result”目录下的文件导出到 MySQL 中 data 数据库的 students 表中，/result 中的文件以“，”分隔：

```
sqoop export --connect jdbc:mysql://localhost:3306/data --username root -password 123456 --table students -m 1 --export-dir /result --input-fields-terminated-by ','
```

参数说明：

--input-fields-terminated-by：指定 HDFS 上文件的分隔符，默认是逗号。

在 MySQL 中查看结果，如图 8-9 所示。

```
mysql> select * from students;
+----+----------+-------+
| id | name     | score |
+----+----------+-------+
|  1 | liming   |    90 |
|  2 | zhangfei |    85 |
|  3 | liuxin   |    60 |
+----+----------+-------+
3 rows in set (0.00 sec)
```

图 8-9　在 MySQL 中查看结果 2

注意：如果还是使用之前的 students 表，则需要清空，不然会报错；如果不是主键表，则不会报错（truncate students;）。

（5）指定导出到 MySQL 的列

```
---columns ' 列名 '
```

将 Hive 中的“/result”目录下的文件导出到 MySQL 中 data 数据库的 film 表中（id，name），/result 中的文件以“;”分隔：

```
sqoop export --connect jdbc:mysql://localhost:3306/data --username root -password root --table film -m 1 --export-dir /result --input-fields-terminated-by ';' --columns="id,name"
```

参数说明

--columns：指定导出到 MySQL 的列，依据 HDFS 上的数据。

在 MySQL 中查看结果，如图 8-10 所示。

```
mysql> select * from students;
+----+----------+-------+
| id | name     | score |
+----+----------+-------+
|  1 | liming   |  NULL |
|  2 | zhangfei |  NULL |
|  3 | liuxin   |  NULL |
+----+----------+-------+
3 rows in set (0.00 sec)
```

图 8-10　在 MySQL 中查看结果 3

注意：如果还是使用之前的 students 表，则需要清空，不然会报错；如果不是主键表，则不会报错（truncate students;）。

任务实施

1．创建分区

根据需求以数据产生的时间为分区，对用户行为进行分析。

（1）创建分区表

创建 jd_useraction 表，并以 actiondate 作为分区，分隔符为“，”，将数据存储在“/data/input”下：

```
create external table if not exists jdscdb.jd_useraction
(user_id int comment '买家 id',
item_id int comment '商品 id',
cat_id int comment '商品类别 id',
merchant_id int comment '卖家 id',
brand_id int comment '品牌 id',
month string comment '交易时间：月',
day string comment '交易时间：日',
action int comment '行为',
age_range int comment '买家年龄段',
gender int comment '性别',
province string comment '收货地址省份',
item_uuid string comment '商品 id',
userscore string) comment '用户评分'
partitioned by (actiondate string)
row format delimited fields terminated by ','
stored as textfile location '/data/input';
```

comment 是对字段的注释。

（2）添加分区

将 2018-07-12 日的数据添加到 20180712 分区中：

```
alter table jdscdb.jd_useraction add partition (actiondate='20180712') location '/data/input/20180712';
```

如果需要继续分析下一日的数据，则可以将其作为新的分区添加：

（3）导入数据

将清洗好的数据直接上传到“/data/input/20180712”：

```
hadoop fs -put /data/dataset/jd_useraction_2017_12_19.csv /data/input/20180712/
```

查询数据，查看是否导入成功，如图 8-11 所示。

```
hive> select * from jdscdb.jd_useraction limit 5;
OK
60991   1086400 1075    304     2210    06      06      0       0       0       上海市  f7e542
68-ef41-4ced-9274-6331e68ef3e9  5       20180712
60991   692663  1075    4251    1119    06      06      0       6       1       吉林    ffa1d6
49-38dd-43bf-9d17-c5408ea69e98  0       20180712
60991   750486  1075    1157    2514    06      06      0       7       2       内蒙古  c3fdfd
b6-292b-4b42-be9a-e83aedc832e0  9       20180712
60991   750486  1075    1157    2514    06      06      0       7       2       广西    5fb961
50-febf-417e-8e1d-d1416ed3a0f7  3       20180712
60991   750486  1075    1157    2514    06      06      0       0       1       宁夏    04caf9
67-4555-4d1b-869d-3b192c0044d6  7       20180712
Time taken: 2.65 seconds, Fetched: 5 row(s)
```

图 8-11　查看数据是否导入成功

至此，数据仓库建立完毕，可用于统计分析。

2．统计关键指标

（1）统计各省订单数量

物流作为电商的重要组成部分，合理分配物流仓库是一种重要的提高物流效率的方式，同时也可以提升用户的满意度。

通过对各省订单数量的统计，分析订单的分布情况，从而对物流资源进行合理分配。

```
select province,count(*) from
jdscdb.jd_useraction where
actiondate='20180712' group by province;
```

统计后的结果如下：

```
上海市    5767
云南      5970
内蒙古    5767
北京市    5911
台湾      5920
吉林      5885
四川      5859
天津市    5879
宁夏      5786
安徽      5823
山东      5870
山西      5750
广东      6025
广西      6005
新疆      5899
江苏      5821
```

江西	5858
河北	5891
河南	5740
浙江	6043
海南	5798
湖北	5798
湖南	5882
澳门	5876
甘肃	5944
福建	5906
西藏	5932
贵州	5849
辽宁	5932
重庆市	5928
陕西	5855
青海	5892
香港	5954
黑龙江	5985

从统计后的结果可以看出，广东、广西、浙江的订单数量高于其他地区。

将统计后的结果存入 province_ordercount 表中：

create table jdscdb.province_ordercount as
select province,count(*) from
jdscdb.jd_useraction where
actiondate='20180712' group by province;

查看是否存入成功，如图 8-12 所示。

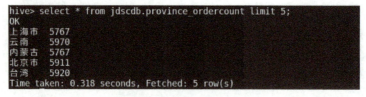

图 8-12　查看是否存入成功

（2）对各个年龄段的人群订单量进行对比分析

电商平台会对用户实行精准营销，以达到利润最大化，同时也帮助满足用户需求。

对不同年龄段的人群分组，并对购物行为作精准推荐：

select age_range,count(*) from
jdscdb.jd_useraction where
actiondate='20180712' group by age_range;

统计后的结果如下：

0　25178
1　25036
2　24902

```
3    24869
4    25084
5    24868
6    25074
7    24989
```

0 代表 10～15 岁，1 代表 16～20 岁，2 代表 21～35 岁，3 代表 36～40 岁，4 代表 41～45 岁，5 代表 46～50 岁，6 代表 51～60 岁，7 代表 61～65 岁。

从上面的统计结果可以看出，10～20 岁的年龄段购物比较活跃。

将统计后的结果存入 peopleorder 表中：

```
create table jdscdb.peopleorder as
select age_range,count(*) from
jdscdb.jd_useraction where
actiondate='20180712' group by age_range;
```

查看是否存入成功，如图 8-13 所示。

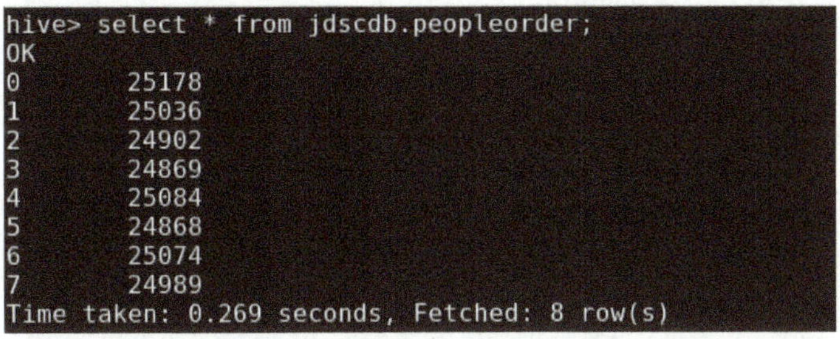

```
hive> select * from jdscdb.peopleorder;
OK
0    25178
1    25036
2    24902
3    24869
4    25084
5    24868
6    25074
7    24989
Time taken: 0.269 seconds, Fetched: 8 row(s)
```

图 8-13　查看是否存入成功

（3）对用户行为的探测分析

用户的购物行为可以使整个平台对商品作出调整。例如，商品销量高的可以增加库存，销量少的可以减少库存或者停产，从而达到利润最大化。

对用户的购物行为进行统计：

```
select action,count(*) from
jdscdb.jd_useraction group by action;
```

统计后的结果如下：

```
0    176023
1    385
2    11920
3    11672
```

0 代表浏览，1 代表加入购物车，2 代表购买，3 代表收藏。

从统计后的结果可以看出，该电商网站的日浏览量在 20 万左右，日销售量在 1 万单左右，可以通过长期数据来推断该网站的前景。

将统计后的结果存入 useractionanalyse 表中：

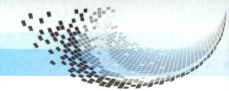

```
create table jdscdb.useractionanalyse as
select action,count(*) from
jdscdb.jd_useraction group by action;
```

查看是否存入成功，如图 8-14 所示。

```
hive> select * from jdscdb.useractionanalyse;
OK
0       176023
1       385
2       11920
3       11672
Time taken: 0.232 seconds, Fetched: 4 row(s)
```

图 8-14　查看是否存入成功

（4）销售量前十的商品类别的统计

商品的销售量可反映用户对一个商品的喜欢程度。对销量靠前的商品类别进行统计可以对电商的商品种类作优化，通过优化处理达到最大利润。

销售量前十的商品类别的统计：

```
select cat_id,count(*) as count from
jdscdb.jd_useraction group by cat_id order by
count desc limit 10;
```

统计后的结果如下：

662	15833
656	6825
1505	6780
389	6489
737	5918
1142	5205
1577	4079
1438	3885
1095	3878
407	3727

662：手机类。

656：日用品类。

1505：服装类。

389：食品类。

737：家用电器类。

1142：孕婴类。

1577：计算机类。

1438：汽车用品类。

1095：珠宝类。

407：图书类。

根据统计结果可以看出，手机类销量最好，其次是日用品类。

将统计后的结果存入 goodstop10 表中：

```
create table jdscdb.goodstop10 as
select cat_id,count(*) as count from
jdscdb.jd_useraction group by cat_id order by
count desc limit 10;
```

查看是否存入成功，如图 8-15 所示。

图 8-15　查看是否存入成功

3．数据导出到数据库

这里使用 Sqoop 将查询结果导入 MySQL 数据库中。

1）将 province_ordercoun 表的数据导出到 MySQL 表中：

```
sqoop export --connect "jdbc:mysql://192.168.1.2:3306/jdscdb?useUnicode=true&characterEncoding=utf-8" --username root --password root --table province_ordercount --fields-terminated-by '\001' --export-dir '/user/hive/warehouse/jdscdb.db/province_ordercount'
```

2）将 peopleorder 表的数据导出到 MySQL 表中：

```
sqoop export --connect "jdbc:mysql://192.168.1.2:3306/jdscdb?useUnicode=true&characterEncoding=utf-8" --username root --password root --table peopleorder --fields-terminated-by '\001' --export-dir '/user/hive/warehouse/jdscdb.db/peopleorder'
```

3）将 useractionanalyse 表的数据导出到 MySQL 表中：

```
sqoop export --connect "jdbc:mysql://192.168.1.2:3306/jdscdb?useUnicode=true&characterEncoding=utf-8" --username root --password root --table useractionanalyse --fields-terminated-by '\001' --export-dir '/user/hive/warehouse/jdscdb.db/useractionanalyse'
```

4）将 goodstop10 表的数据导出到 MySQL 表中：

```
sqoop export --connect "jdbc:mysql://192.168.1.2:3306/jdscdb?useUnicode=true&characterEncoding=utf-8" --username root --password root --table goodstop10 --fields-terminated-by '\001' --export-dir '/user/hive/warehouse/jdscdb.db/goodstop10'
```

至此，查询结果已经导入数据库中，可以用来完成数据可视化显示。

4．数据可视化

使用 Web 端对存入数据库的分析结果作可视化展示，涉及 Web 开发、前端的内容。

1）创建 Maven-Web 项目。

在项目浏览界面中，选择"File"→"New"→"Project"命令，如图 8-16 所示。

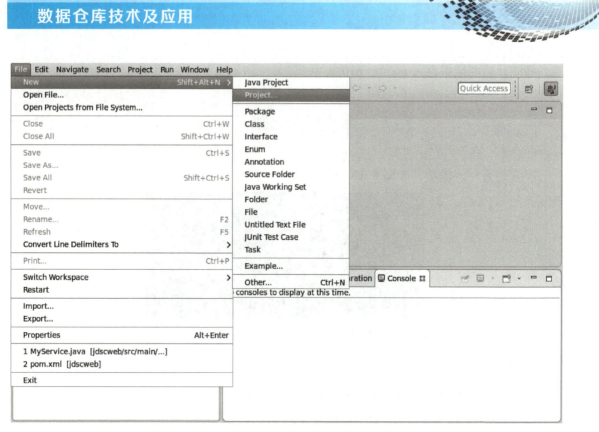

图 8-16 选择"File"→"New"→"Project"命令

在打开的 New Project（新建项目）对话框中，选择"Maven"→"Maven Project"选项，如图 8-17 所示。

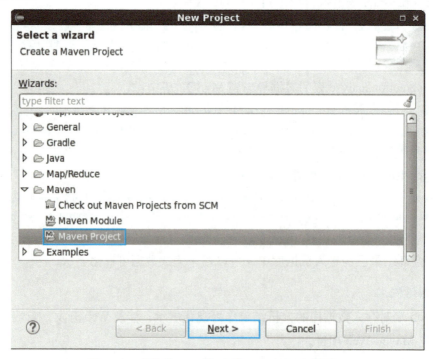

图 8-17 选择"Maven"→"Maven Project"选项

指定项目存放空间的路径，如图 8-18 所示。

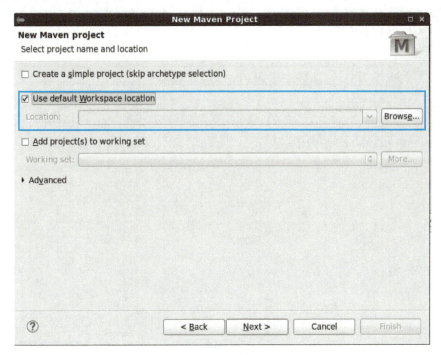

图 8-18　指定项目存放空间路径

选择项目的类型，如图 8-19 所示。

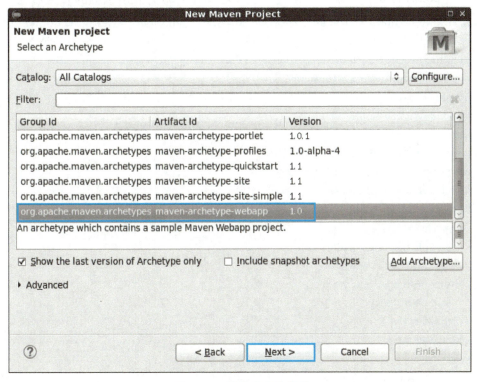

图 8-19　选择项目的类型

填写创建 Maven 项目的相关参数，如图 8-20 所示。

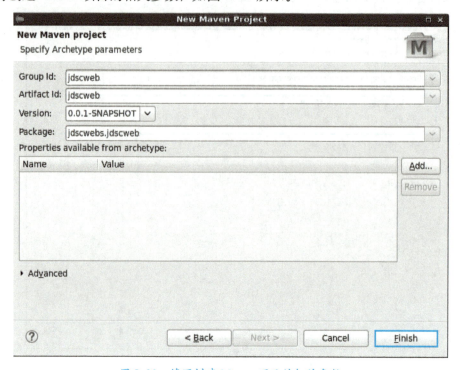

图 8-20　填写创建 Maven 项目的相关参数

2）更新 pom.xml 文件，添加依赖包（主要是 Java Web 开发所依赖的 jar 包）：

```
<project xmlns="http://maven.apache.org/POM/4.0.0" xmlns:xsi="http://www.w3.org/2001/XMLSchema-instance"
    xsi:schemaLocation="http://maven.apache.org/POM/4.0.0 http://maven.apache.org/maven-v4_0_0.xsd">
    <modelVersion>4.0.0</modelVersion>
    <groupId>jdscweb</groupId>
    <artifactId>jdscweb</artifactId>
    <packaging>war</packaging>
    <version>0.0.1-SNAPSHOT</version>
    <name>jdscweb Maven Webapp</name>
    <url>http://maven.apache.org</url>
    <dependencies>
      <dependency>
        <groupId>junit</groupId>
        <artifactId>junit</artifactId>
        <version>3.8.1</version>
        <scope>test</scope>
      </dependency>
    </dependencies>
    <build>
      <finalName>jdscweb</finalName>
```

```xml
            <plugins>
                <plugin>
                    <artifactId>maven-assembly-plugin</artifactId>
                    <configuration>
                        <archive>
                            <manifest>
                                <mainClass>com.allen.capturewebdata.Main</mainClass>
                            </manifest>
                        </archive>
                        <descriptorRefs>
                            <descriptorRef>jar-with-dependencies</descriptorRef>
                        </descriptorRefs>
                    </configuration>
                </plugin>
                <plugin>
                    <groupId>org.apache.tomcat.maven</groupId>
                    <artifactId>tomcat7-maven-plugin</artifactId>
                    <version>2.2</version>
                    <configuration>
                        <path>/</path>
                        <port>80</port>
                        <uriEncoding>UTF-8</uriEncoding>
                        <contextReloadable>false</contextReloadable>
                    </configuration>
                </plugin>
                <plugin>
                    <groupId>org.apache.maven.plugins</groupId>
                    <artifactId>maven-compiler-plugin</artifactId>
                    <version>2.0.2</version>
                    <configuration>
                        <source>1.6</source>
                        <target>1.6</target>
                        <encoding>UTF-8</encoding>
                    </configuration>
                </plugin>
            </plugins>
    </build>
</project>
```

3）业务逻辑代码。

选中项目，创建 src/main/java 文件夹，并在文件夹中创建 MyService 类，主要用于后台与数据库之间的交互，查询统计完成后的表数据，并用于 Web 端的可视化。

①实现数据库连接，后台实现从数据库中查询数据，创建 MyService 方法：

```java
public class MyService {
    private static Connection con = null;
    private static Statement stmt = null;
    private static ResultSet rs = null;
    /**
     * 数据库连接
     */
    public static void startConn() {
        try {
            Class.forName("com.mysql.jdbc.Driver");
            try {
                con = DriverManager.getConnection("jdbc:mysql://localhost:3306/jdscdb", "root", "123456");
            } catch (SQLException e) {
                e.printStackTrace();
            }
        } catch (ClassNotFoundException e) {
            e.printStackTrace();
        }
    }

    // 关闭连接数据库方法
    public static void endConn() throws SQLException {
        if (con != null) {
            con.close();
            con = null;
        }
        if (rs != null) {
            rs.close();
            rs = null;
        }
        if (stmt != null) {
            stmt.close();
            stmt = null;
        }
    }
```

② 从数据库中遍历全国各省市订单的数据信息：

```java
// 全国各省市订单情况报表
public static ArrayList<String[]> index() throws SQLException {
    ArrayList<String[]> list = new ArrayList<String[]>();
    startConn();
    stmt = con.createStatement();
    rs = stmt.executeQuery("select province,count from province_ordercount order by count desc limit 10");
    while (rs.next()) {
        String[] temp = { rs.getString("province"), rs.getString("count") };
        list.add(temp);
    }
    return list;
}
```

③从数据库中遍历全国各个年龄段人群订单的数据信息：

```java
// 全国各个年龄段人群订单情况报表
public static ArrayList<String[]> peopleOrder() throws SQLException {
    ArrayList<String[]> list = new ArrayList<String[]>();
    startConn();
    stmt = con.createStatement();
    rs = stmt.executeQuery("select peopletype,count from peopleorder");
    while (rs.next()) {
        if((rs.getString("peopletype")).equals("0")){
            String[] temp = { "10-15 岁 ", rs.getString("count") };
            list.add(temp);
        }else if((rs.getString("peopletype")).equals("1")){
            String[] temp = { "16-20 岁 ", rs.getString("count") };
            list.add(temp);
        }else if((rs.getString("peopletype")).equals("2")){
            String[] temp = { "21-35 岁 ", rs.getString("count") };
            list.add(temp);
        }else if((rs.getString("peopletype")).equals("3")){
            String[] temp = { "36-40 岁 ", rs.getString("count") };
            list.add(temp);
        }else if((rs.getString("peopletype")).equals("4")){
            String[] temp = { "41-45 岁 ", rs.getString("count") };
            list.add(temp);
        }else if((rs.getString("peopletype")).equals("5")){
            String[] temp = { "46-50 岁 ", rs.getString("count") };
            list.add(temp);
        }else if((rs.getString("peopletype")).equals("6")){
            String[] temp = { "51-60 岁 ", rs.getString("count") };
            list.add(temp);
        }else if((rs.getString("peopletype")).equals("7")){
            String[] temp = { "61-65 岁 ", rs.getString("count") };
            list.add(temp);
        }
    }
    endConn();
    return list;
}
```

④从数据库中遍历用户行为分析的数据信息：

```java
// 用户行为分析
public static ArrayList<String[]> userActionAnalyse() throws SQLException {
    ArrayList<String[]> list = new ArrayList<String[]>();
    startConn();
    stmt = con.createStatement();
    rs = stmt.executeQuery("select actioncode,count from useractionanalyse order by count desc");
    while (rs.next()) {
```

```
            if((rs.getString("actioncode")).equals("0")){
                String[] temp = { " 浏览商品指标 ", rs.getString("count") };
                list.add(temp);
            }else if((rs.getString("actioncode")).equals("1")){
                String[] temp = { " 加入购物车指标 ", rs.getString("count") };
                list.add(temp);
            }else if((rs.getString("actioncode")).equals("2")){
                String[] temp = { " 购买指标 ", rs.getString("count") };
                list.add(temp);
            }else if((rs.getString("actioncode")).equals("3")){
                String[] temp = { " 收藏商品指标 ", rs.getString("count") };
                list.add(temp);
            }
        }
        endConn();
        return list;
    }
```

⑤ 从数据库中遍历销量前五的商品类别的数据信息：

```
    // 获取销量前五的商品类别
    public static ArrayList<String[]> goodsAnalyse() throws SQLException {
        ArrayList<String[]> list = new ArrayList<String[]>();
        startConn();
        stmt = con.createStatement();
        rs = stmt.executeQuery(
                "select g.goodsname,t.count from goodstop10 t,goodstype g where t.goodscode = g.goodscode order by t.count");
        while (rs.next()) {
            String[] temp = { rs.getString("goodsname"), rs.getString("count") };
            list.add(temp);
        }

        endConn();
        return list;
    }
```

⑥ 从数据库中统计各省的用户数据信息：

```
    // 获取销量前五的商品类别
    public static ArrayList index_4() throws SQLException {
        ArrayList<String[]> list = new ArrayList();
        startConn();
        stmt = con.createStatement();
        rs = stmt.executeQuery("select province,count(*) num from user_log group by province order by count(*) desc");
        while (rs.next()) {
            String[] temp = { rs.getString("province"), rs.getString("num") };
            list.add(temp);
```

```
            }
            endConn();
            return list;
        }
    }
```

4）JSP 的实现，也就是网页在浏览器端的展示效果，主要涉及前端的内容与 Java 的相结合。

①index.jsp 是 Web 页面的主页，用于前端页面的显示，主要从后台获取数据：

```
<%@ page language="java" import="com.xpjy.MyService,java.util.*" contentType="text/html; charset=UTF-8"
    pageEncoding="UTF-8"%>

<!DOCTYPE html>
<html lang="en">
    <head>
        <meta charset="utf-8" />
        <title> 商城数据分析平台 </title>
        <meta name="viewport" content="width=device-width, initial-scale=1.0, maximum-scale=1.0, user-scalable=no" />
        <meta name="apple-mobile-web-app-capable" content="yes" />
        <link href="./css/bootstrap.min.css" rel="stylesheet" />
        <link href="./css/bootstrap-responsive.min.css" rel="stylesheet" />
        <link href="./css/font-awesome.css" rel="stylesheet" />
        <link href="./css/jdsc.css" rel="stylesheet" />
        <link href="./css/jdsccommon.css" rel="stylesheet" />
    <meta http-equiv="Content-Type" content="text/html; charset=utf-8" /></head>
<body>
<div class="navbar navbar-fixed-top">
        <div class="navbar-inner  hehe navbar-default">
            <div class="container">
                <a class="btn btn-navbar" data-toggle="collapse" data-target=".nav-collapse">
                    <span class="icon-bar"></span>
                    <span class="icon-bar"></span>
                    <span class="icon-bar"></span>
                </a>
                <a class="brand" href="./"> 商城数据分析平台 </a>
            </div>
        </div>
</div>
<div id="content">
    <div class="container">
        <div class="row">
            <div class="span3">
                <ul id="main-nav" class="nav nav-tabs nav-stacked">
                    <li class="active">
                        <a href="./">
```

```html
                <i></i>
                全国各省市订单情况报表
              </a>
            </li>
            <li>
              <a href="./peopleorder.jsp">
                <i></i>
                全国各个年龄段人群订单情况报表
              </a>
            </li>
            <li>
              <a href="./useractionanalyse.jsp">
                <i></i>
                用户行为分析报表
              </a>
            </li>
            <li>
              <a href="./goodsanalyse.jsp">
                <i></i>
                销量最高的十类商品报表
              </a>
            </li>
          </ul>
          <hr />
          <br />
        </div>
        <div class="span9">
          <h1 class="page-title">
            <i class="icon-signal"></i>
            全国各省市订单情况报表
          </h1>
          <div class="widget">
            <div class="widget-header">
            </div> <!-- /widget-header -->
            <div class="widget-content">
              <div id="main" class="chart-holder"></div>
            </div>
          </div>
        </div>
      </div>
    </div>
  </div>
</div>
```

② 引入 ECharts 的 JS 内容，从后端遍历数据以用于显示：

```html
<script src="./js/jquery-1.7.2.min.js"></script>
<script src="./js/bootstrap.js"></script>
<script src="./js/echarts.min.js"></script>
<script>
```

```
// 初始化 ECharts 实例
var myChart = echarts.init(document.getElementById('main'));
var province = new Array();
var count = new Array();
<%
ArrayList<String[]> list = MyService.index();
if(list!=null){
for(int j=0;j<list.size();j++)
{%>
    province[<%=j%>] = '<%=list.get(j)[0]%>';
    count[<%=j%>] = '<%=list.get(j)[1]%>';
<%}
}%>
```

③ 配置 ECharts 的相关信息，指定图表的配置项和数据信息：

```
// 指定图表的配置项和数据
option = {
    color:['#CD96CD','#c23531','#2f4554', '#61a0a8', '#d48265', '#91c7ae','#749f83', '#ca8622',
'#bda29a','#6e7074', '#546570', '#c4ccd3'],
    title : {
        text: ' 全国各省市订单情况报表 '
    },
    tooltip : {
        trigger: 'axis'
    },
    toolbox: {
        show : true,
        feature : {
            mark : {show: true},
            dataView : {show: true, readOnly: false},
            magicType : {show: true, type: ['line', 'bar']},
            restore : {show: true},
            saveAsImage : {show: true}
        }
    },
    calculable : true,
    xAxis : [
        {
            type : 'category',
            data : province
        }
    ],
    yAxis : [
        {
            type : 'value'
        }
    ],
```

```
            series : [
                {
                    name:' 订单量 ',
                    type:'bar',
                    data: count,
                    markPoint : {
                        data : [
                            {type : 'max', name: ' 最大值 '},
                            {type : 'min', name: ' 最小值 '}
                        ]
                    },
                    markLine : {
                        data : [
                            {type : 'average', name: ' 平均值 '}
                        ]
                    }
                }
            ]
        };

        // 使用刚指定的配置项和数据显示图表
        myChart.setOption(option);
    </script>
    </body>
</html>
```

5）实现销售量前十的商品类别的统计页面 goodsanalyse.jsp，代码如下：

```
<%@ page language="java" import="com.xpjy.MyService,java.util.*" contentType="text/html; charset=UTF-8"
    pageEncoding="utf-8"%>
<!DOCTYPE html>
<html lang="en">
    <head>
        <meta charset="utf-8" />
        <title> 商城数据分析平台 </title>
        <meta name="viewport" content="width=device-width, initial-scale=1.0, maximum-scale=1.0, user-scalable=no" />
        <meta name="apple-mobile-web-app-capable" content="yes" />
        <link href="./css/bootstrap.min.css" rel="stylesheet" />
        <link href="./css/bootstrap-responsive.min.css" rel="stylesheet" />
        <link href="./css/font-awesome.css" rel="stylesheet" />
        <link href="./css/jdsc.css" rel="stylesheet" />
        <link href="./css/jdsccommon.css" rel="stylesheet" />
    <meta http-equiv="Content-Type" content="text/html; charset=utf-8" /></head>
<body>
<div class="navbar navbar-fixed-top">
```

```html
            <div class="navbar-inner">
                <div class="container">
                    <a class="btn btn-navbar" data-toggle="collapse" data-target=".nav-collapse">
                        <span class="icon-bar"></span>
                        <span class="icon-bar"></span>
                        <span class="icon-bar"></span>
                    </a>
                    <a class="brand" href="./">商城数据分析平台 </a>
                </div>
            </div>
        </div>
        <div id="content">
            <div class="container">
                <div class="row">
                    <div class="span3">
                        <ul id="main-nav" class="nav nav-tabs nav-stacked">
                            <li>
                                <a href="./">
                                    <i></i>
                                    全国各省市订单情况报表
                                </a>
                            </li>
                            <li>
                                <a href="./peopleorder.jsp">
                                    <i></i>
                                    全国各个年龄段人群订单情况报表
                                </a>
                            </li>
                            <li>
                                <a href="./useractionanalyse.jsp">
                                    <i></i>
                                    用户行为分析报表
                                </a>
                            </li>
                            <li class="active">
                                <a href="./goodsanalyse.jsp">
                                    <i></i>
                                    销量最高的十类商品报表
                                </a>
                            </li>
                        </ul>
                        <hr />
                        <br />
                    </div>
                    <div class="span9">
                        <h1 class="page-title">
                            <i class="icon-signal"></i>
                            销量最高的十类商品报表
```

```
                </h1>
                <div class="widget">
                    <div class="widget-header">
                    </div>
                    <div class="widget-content">
                        <div id="main" class="chart-holder"></div>
                    </div>
                </div>
            </div>
        </div>
    </div>
</div>
```

① 使用 JS 从后端读取数据，用于前端的显示：

```
<script src="./js/jquery-1.7.2.min.js"></script>
<script src="./js/bootstrap.js"></script>
<script src="./js/echarts.min.js"></script>
<script>
// 初始化 ECharts 实例
var myChart = echarts.init(document.getElementById('main'));

var goodsname = new Array();
var count = new Array();
<%
ArrayList<String[]> list = MyService.goodsAnalyse();
if(list!=null){
for(int j=0;j<list.size();j++)
{%>
    goodsname[<%=j%>] = '<%=list.get(j)[0]%>';
    count[<%=j%>] = '<%=list.get(j)[1]%>';
<%}
}%>
```

② 配置 ECharts 的图表信息和获取数据信息：

```
option = {
        title : {
            text: ' 前十商品类别占比 ',
            x:'right',
            y:'bottom'
        },
        tooltip : {
            trigger: 'item',
            formatter: "{a} <br/>{b} : {c} ({d}%)"
        },
        legend: {
            orient : 'vertical',
            x : 'left',
```

```
            data:goodsname
    },
    toolbox: {
        show : true,
        feature : {
            mark : {show: true},
            dataView : {show: true, readOnly: false},
            restore : {show: true},
            saveAsImage : {show: true}
        }
    },
    calculable : false,
    series : (function (){
        var series = [];
        for (var i = 0; i < 30; i++) {
            series.push({
                name:' 详情 ',
                type:'pie',
                itemStyle : {normal : {
                    label : {show : i > 28},
                    labelLine : {show : i > 28, length:20}
                }},
                radius : [i * 4 + 40, i * 4 + 43],
                data:[
                    {value: count[0],  name:goodsname[0]},
                    {value: count[1],  name:goodsname[1]},
                    {value: count[2],  name:goodsname[2]},
                    {value: count[3],  name:goodsname[3]},
                    {value: count[4],  name:goodsname[4]},
                    {value: count[5],  name:goodsname[5]},
                    {value: count[6],  name:goodsname[6]},
                    {value: count[7],  name:goodsname[7]},
                    {value: count[8],  name:goodsname[8]},
                    {value: count[9],  name:goodsname[9]}
                ]
            })
        }
        series[0].markPoint = {
            symbol:'emptyCircle',
            symbolSize:series[0].radius[0],
            effect:{show:true,scaleSize:12,color:'rgba(250,225,50,0.8)',shadowBlur:10,period:30},
            data:[{x:'50%',y:'50%'}]
        };
        return series;
    })()
};
setTimeout(function (){
```

```
                var _ZR = myChart.getZrender();
                var TextShape = require('zrender/shape/Text');
                // 补充千层饼
                _ZR.addShape(new TextShape({
                    style : {
                        x : _ZR.getWidth() / 2,
                        y : _ZR.getHeight() / 2,
                        color: '#666',
                        text : ' 恶梦的过去 ',
                        textAlign : 'center'
                    }
                }));
                _ZR.addShape(new TextShape({
                    style : {
                        x : _ZR.getWidth() / 2 + 200,
                        y : _ZR.getHeight() / 2,
                        brushType:'fill',
                        color: 'orange',
                        text : ' 美好的未来 ',
                        textAlign : 'left',
                        textFont:'normal 20px 微软雅黑 '
                    }
                }));
                _ZR.refresh();
            }, 2000);

        // 使用刚指定的配置项和数据显示图表
        myChart.setOption(option);

    </script>
    </body>
</html>
```

6）创建 peopleorder.jsp 页面，主要是进行全国各个年龄段人群订单情况页面的编写：

```
<%@ page language="java" import="com.xpjy.MyService,java.util.*" contentType="text/html; charset=UTF-8"
    pageEncoding="utf-8"%>
<!DOCTYPE html>
<html lang="en">
    <head>
        <meta charset="utf-8" />
        <title>商城数据分析平台</title>
        <meta name="viewport" content="width=device-width, initial-scale=1.0, maximum-scale=1.0, user-scalable=no" />
        <meta name="apple-mobile-web-app-capable" content="yes" />
        <link href="./css/bootstrap.min.css" rel="stylesheet" />
        <link href="./css/bootstrap-responsive.min.css" rel="stylesheet" />
```

```html
        <link href="./css/font-awesome.css" rel="stylesheet" />
        <link href="./css/jdsc.css" rel="stylesheet" />
        <link href="./css/jdsccommon.css" rel="stylesheet" />
    <meta http-equiv="Content-Type" content="text/html; charset=utf-8" />
    </head>
<body>
<div class="navbar navbar-fixed-top">
    <div class="navbar-inner">
        <div class="container">
            <a class="btn btn-navbar" data-toggle="collapse" data-target=".nav-collapse">
                <span class="icon-bar"></span>
                <span class="icon-bar"></span>
                <span class="icon-bar"></span>
            </a>
            <a class="brand" href="./">商城数据分析平台 </a>
        </div>
    </div>
</div>
<div id="content">
    <div class="container">
        <div class="row">
            <div class="span3">
                <ul id="main-nav" class="nav nav-tabs nav-stacked">
                    <li >
                        <a href="./">
                            <i></i>
                            全国各省市订单情况报表
                        </a>
                    </li>
                    <li class="active">
                        <a href="./peopleorder.jsp">
                            <i></i>
                            全国各个年龄段人群订单情况报表
                        </a>
                    </li>
                    <li>
                        <a href="./useractionanalyse.jsp">
                            <i></i>
                            用户行为分析报表
                        </a>
                    </li>
                    <li>
                        <a href="./goodsanalyse.jsp">
                            <i></i>
                            销量最高的十类商品报表
                        </a>
                    </li>
```

```html
                <ul>
                <hr />
                <br />
            </div> <!-- /span3 -->
            <div class="span9">

                <h1 class="page-title">
                    <i class="icon-signal"></i>
                    全国各个年龄段人群订单情况报表
                </h1>
                <div class="widget">
                    <div class="widget-header">
                    </div>
                    <div class="widget-content">
                        <div id="main" class="chart-holder"></div>
                    </div>
                </div>
            </div>
        </div>
    </div>
</div>
```

① 引入 JS 代码，通过 JS 读取后端数据以用来进行前端的展示：

```
<script src="./js/jquery-1.7.2.min.js"></script>
<script src="./js/bootstrap.js"></script>
<script type='text/javascript'>
var agetype = new Array();
var ordercount = new Array();
<%
ArrayList<String[]> list = MyService.peopleOrder();
if(list!=null){
for(int j=0;j<list.size();j++)
{%>
    agetype[<%=j%>] = '<%=list.get(j)[0]%>';
    ordercount[<%=j%>] = '<%=list.get(j)[1]%>';
<%}
}%>
</script>
<script src="./js/echarts.min.js"></script>
<script>
var myChart = echarts.init(document.getElementById('main'));
```

② ECharts 的图形样式设置和获取数据信息：

```
option = {
    title : {
        text: ' 全国各个年龄段人群订单情况报表 ',
        x:'center'
```

```
        },
        tooltip : {
            trigger: 'item',
            formatter: "{a} <br/>{b} : {c} ({d}%)"
        },
        legend: {
            x : 'center',
            y : 'bottom',
            data:agetype,
            textStyle: {
                fontSize: 12,
                weight: 50
            }
        },
        toolbox: {
            show : true,
            feature : {
                mark : {show: true},
                dataView : {show: true, readOnly: false},
                magicType : {
                    show: true,
                    type: ['pie', 'funnel']
                },
                restore : {show: true},
                saveAsImage : {show: true}
            }
        },
        calculable : true,
        series : [
            {
                name:' 订单销量占比：',
                type:'pie',
                radius : [70, 180],
                center : ['50%', 230],
                roseType : 'area',
                x: '0%',            // for funnel
                max: 40,             // for funnel
                sort : 'ascending',    // for funnel
                data:[
                    {value:ordercount[0], name:agetype[0]},
                    {value:ordercount[1], name:agetype[1]},
                    {value:ordercount[2], name:agetype[2]},
                    {value:ordercount[3], name:agetype[3]},
                    {value:ordercount[4], name:agetype[4]},
                    {value:ordercount[5], name:agetype[5]},
                    {value:ordercount[6], name:agetype[6]},
                    {value:ordercount[7], name:agetype[7]}
```

```
                    ]
                }
            ]
        };

        // 使用刚指定的配置项和数据显示图表
        myChart.setOption(option);
    </script>
  </body>
</html>
```

7）创建 useractionalyse.jsp，主要是对用户行为分析的展示页面进行编写：

```
<%@ page language="java" import="com.xpjy.MyService,java.util.*" contentType="text/html; charset=UTF-8"
    pageEncoding="utf-8"%>

<!DOCTYPE html>
<html lang="en">
  <head>
    <meta charset="utf-8" />
    <title> 商城数据分析平台 </title>
    <meta name="viewport" content="width=device-width, initial-scale=1.0, maximum-scale=1.0, user-scalable=no" />
    <meta name="apple-mobile-web-app-capable" content="yes" />
    <link href="./css/bootstrap.min.css" rel="stylesheet" />
    <link href="./css/bootstrap-responsive.min.css" rel="stylesheet" />
    <link href="./css/font-awesome.css" rel="stylesheet" />
    <link href="./css/jdsc.css" rel="stylesheet" />
    <link href="./css/jdsccommon.css" rel="stylesheet" />
    <meta http-equiv="Content-Type" content="text/html; charset=utf-8" /></head>
<body>
<div class="navbar navbar-fixed-top">
    <div class="navbar-inner">
        <div class="container">
            <a class="btn btn-navbar" data-toggle="collapse" data-target=".nav-collapse">
                <span class="icon-bar"></span>
                <span class="icon-bar"></span>
                <span class="icon-bar"></span>
            </a>
            <a class="brand" href="./"> 商城数据分析平台 </a>
        </div>
    </div>
</div>
<div id="content">
    <div class="container">
        <div class="row">
```

```html
<div class="span3">
    <ul id="main-nav" class="nav nav-tabs nav-stacked">
        <li >
            <a href="./">
                <i></i>
                全国各省市订单情况报表
            </a>
        </li>
        <li>
            <a href="./peopleorder.jsp">
                <i></i>
                全国各个年龄段人群订单情况报表
            </a>
        </li>
        <li class="active">
            <a href="./useractionanalyse.jsp">
                <i></i>
                用户行为分析报表
            </a>
        </li>
        <li>
            <a href="./goodsanalyse.jsp">
                <i></i>
                销量最高的十类商品报表
            </a>
        </li>
    </ul>
    <hr />
    <br />
</div>
<div class="span9">
    <h1 class="page-title">
        <i class="icon-signal"></i>
        用户行为分析报表
    </h1>
    <div class="widget">
        <div class="widget-header">
        </div>
        <div class="widget-content">
            <div id="main" class="chart-holder"></div>
        </div>
    </div>
</div>
</div>
</div>
```

① 编写 JS 代码，从后台读取数据并传送到前端展示：

```
<script src="./js/jquery-1.7.2.min.js"></script>
<script src="./js/bootstrap.js"></script>
<script src="./js/echarts.min.js"></script>
<script>
// 初始化 ECharts 实例
var myChart = echarts.init(document.getElementById('main'));
var actioncode = new Array();
var count = new Array();
<%
ArrayList<String[]> list = MyService.userActionAnalyse();
if(list!=null){
for(int j=0;j<list.size();j++)
%>
    actioncode[<%=j%>] = '<%=list.get(j)[0]%>';
    count[<%=j%>] = '<%=list.get(j)[1]%>';
<%}
}%>
```

② ECharts 的图表设置和数据的读取及展示：

```
option = {
        tooltip : {
            trigger: 'item',
            formatter: "{a} <br/>{b} : {c} ({d}%)"
        },
        toolbox: {
            show : true,
            feature : {
                mark : {show: true},
                dataView : {show: true, readOnly: false},
                restore : {show: true},
                saveAsImage : {show: true}
            }
        },
        legend: {
            data : actioncode
        },
        calculable : true,
        series : [
            {
                name:' 指标详情 ',
                type:'funnel',
                x : '20%',
                sort : 'ascending',
                itemStyle: {
                    normal: {
```

```
                    label: {
                        position: 'left'
                    }
                }
            },
            data:[
                {value:count[0], name:actioncode[0]},
                {value:count[1], name:actioncode[1]},
                {value:count[2], name:actioncode[2]},
                {value:count[3], name:actioncode[3]}
            ]
        }
    ]
};
myChart.setOption(option);
</script>
    </body>
</html>
```

8）项目结构如图 8-21 所示。

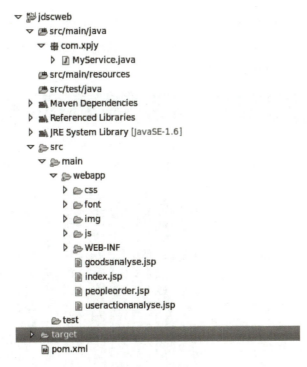

图 8-21　项目结构

9）运行测试。

选择项目后单击鼠标右键，选择"Run As"→"Maven Build"命令，打开"Edit Configuration"对话框，在 Goals 文本框中输入"clean tomcat7:run"，如图 8-22 所示。

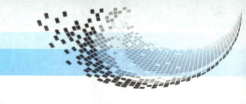

数据仓库技术及应用

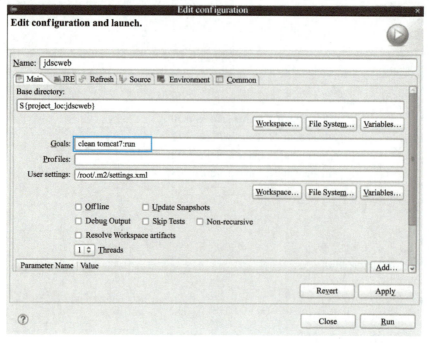

图 8-22　设置 Goals 参数

单击"Run"按钮，启动服务器，在浏览器中访问"localhost"，进入主页面，查看统计结果。

从统计后的全国各省市订单情况报表柱状图（见图 8-23）可以看出，各省的订单量差距不大，基本上分布在 15 000 单左右。

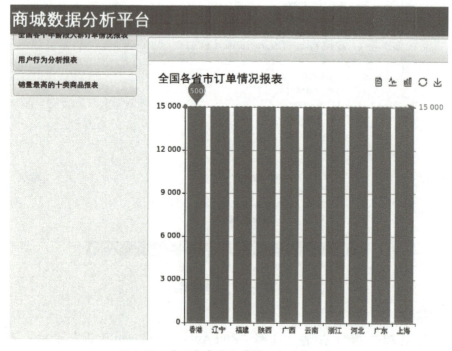

图 8-23　全国各省市订单情况报表柱状图

从全国各个年龄段人群订单情况报表扇形图（见图 8-24）可以看出，各个年龄段的订单分布比较均匀，相差不是特别明显，说明各个年龄段的人群都喜欢在这个商城内购买商品。

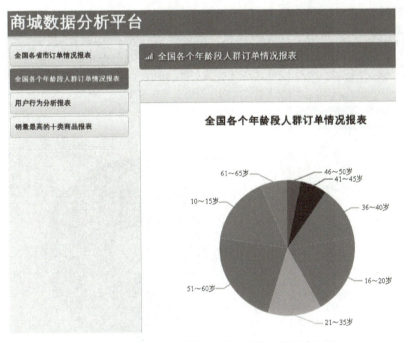

图 8-24　全国各个年龄段人群订单情况报表扇形图

从用户行为分析报表金字塔图（见图 8-25）可以看出该商城的用户行为信息，浏览商品的人数占据了大多数，购买商品的其次，接着是收藏商品的，最后是加入购物车的人数，整体购物行为符合正常的商城情况，所以这个商城的运营情况比较乐观。

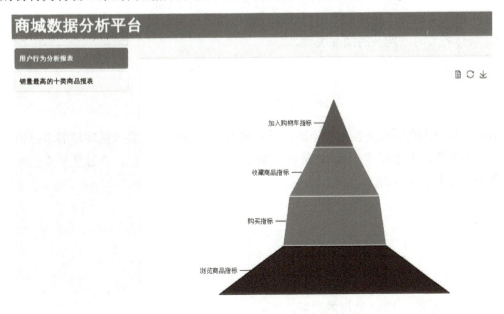

图 8-25　用户行为分析报表金字塔图

从销量最高的十类商品报表扇形图（见图 8-26）中可以看出整体分布相对均匀，其中食品类销量相对较多，计算机类和图书类销量最少，其他种类分布相对均匀。

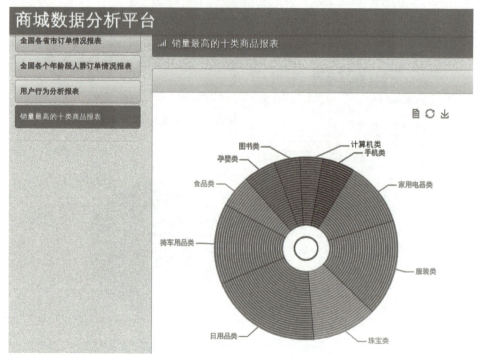

图 8-26　销量最高的十类商品报表扇形图

任务拓展

1. 统计男女的订单比例数并分析结果，根据结果提出相对应的决策。
2. 统计各省喜欢购买的商品类别。

项\目\小\结

本项目利用大数据相关技术对电商网站作离线数据分析，主要包括项目需求分析、Hive 数据仓库的创建、指标统计、Sqoop 统计结果导出以及 Web 可视化，通过整个流程的衔接，实现企业级的大数据分析。

课\后\练\习

一、选择题

1. （　　）不是 Hive 适用的场景。
   A．实时的在线数据分析

B．数据挖掘（用户行为分析、兴趣分区、区域展示）

C．数据汇总（每天/每周用户点击率，点击排行）

D．非实时分析（日志分析、统计分析）

2．设计分布式数据仓库 Hive 的数据表时，为使取样更高效，一般可以对表中的连续字段进行（　　）操作。

　　A．分桶　　　　B．分区　　　　C．索引　　　　D．分表

3．在 Hive 中创建分区表时，需要使用的分区关键字是（　　）。

　　A．part　　　　B．partition　　　C．partitioned　　D．extends

二、判断题

1．Hive 无法运行保存在文件里面的一条或多条语句。　　　　　　　　　（　　）

2．要在 Hive 中增加分区，就必须在创建表的时候指定分区列，后期不能增加分区列，只能增加分区字段的值。　　　　　　　　　　　　　　　　　　　　　　　（　　）

3．默认情况下，Hive 允许删除含有表的数据库。　　　　　　　　　　　（　　）

三、填空题

1．使用 Hive 的 HiveQL 语句完成，查询 Hive 的 film 表中 2018（字段为 date）年的数据并写入 hdfs 的 "/result" 目录下：_____。

2．Hadoop 的 HDFS、Hive、HBase 负责存储，YARN 负责资源调度，_____负责大数据计算。

3．Sqoop 支持_____种 MySQL 数据增量导入 Hive 的模式。

四、简答题

1．简述整个数据分析流程。

2．简述数据仓库的创建流程。

3．简述分区表的作用。

4．简述外部表和内部表的区别。

5．简述 Sqoop 的工作流程。

参 考 文 献

[1] 王志海. 数据仓库 [M]. 北京：机械工业出版社，2006.

[2] 时允田，林雪纲. Hadoop 大数据开发案例教程与项目实战 [M]. 北京：人民邮电出版社，2017.

[3] KIMBALL R, ROSS M. 数据仓库工具箱：维度建模权威指南 [M]. 3 版. 王念滨，周连科，韦正现，译. 北京：清华大学出版社，2015.

[4] 李春葆，李石君，李筱驰. 数据仓库与数据挖掘实践 [M]. 北京：电子工业出版社，2014.